# 现代日光温室建筑热工设计理论与方法

陈 超 著

科学出版社

北京

# 内 容 简 介

日光温室是我国特有的设施农业建筑,日光温室建筑热工性能及其光热湿环境质量保障直接影响日光温室冬(淡)季蔬菜的产量和品质。本书结合日光温室蔬菜栽培特点,从建筑热工设计理论和建筑光热湿环境营造理论出发,系统地介绍了日光温室建筑日照时间和日照质量与日光温室建筑朝向、间距、建筑等空间参数之间的相关性,以及日光温室建筑围护结构构筑理念及其热工性能设计方法;并结合建筑通风工程理论、太阳能热利用与相变蓄热理论,系统介绍了不同气候区日光温室建筑通风换气系统、太阳能主-被动蓄热系统设计理念与方法、光热湿环境一体化动态控制技术的设计理论和方法。本书充分注重建筑学、建筑热工学、建筑环境学与设施园艺工程学科的交叉和融合,着重介绍了理论方法以及实际案例应用。

本书可供设施园艺工程、农业工程、建筑环境与能源工程以及相关专业的教学、研究、设计与生产管理者参考。

**图书在版编目(CIP)数据**

现代日光温室建筑热工设计理论与方法/陈超著. —北京:科学出版社, 2017. 11
    ISBN 978-7-03-055029-3

    Ⅰ. ① 现 …    Ⅱ. ① 陈 …    Ⅲ. ① 日光温室-建筑热工-建筑设计
Ⅳ. ①TU832. 5

    中国版本图书馆 CIP 数据核字(2017)第 267291 号

责任编辑:张晓娟 / 责任校对:桂伟利
责任印制:张 伟 / 封面设计:熙 望

*科 学 出 版 社* 出版
北京东黄城根北街 16 号
邮政编码:100717
http://www.sciencep.com

**北京厚诚则铭印刷科技有限公司**印刷
科学出版社发行 各地新华书店经销

\*

2017 年 11 月第 一 版    开本:720×1000 B5
2019 年 1 月第二次印刷    印张:11 3/4
字数:236 000

**定价:98.00 元**
(如有印装质量问题,我社负责调换)

# 序

　　农业是全面建成小康社会、实现现代化的基础,是稳民心、安天下的战略产业。日光温室是我国特有的设施农业建筑,大大缓解了我国"三北"地区冬春季蔬菜供应难的问题,已经成为保证城镇居民"菜篮子"安全供应的重要生产设施。然而,设施农业现代化,需要实现传统模式向现代科技模式的转型,即向设计更精细、形态更高端的方向发展。

　　北方地区日光温室要实现周年高效生产,关键在反季节高效生产。北方地区冬季室外温度虽低但太阳能资源丰富,为日光温室光热环境营造提供了重要条件。但是日光温室建筑空间形态特征(跨度、脊高、北墙高度、后屋面水平投影长度等参数)、墙体构筑方式、建筑材料的热工性能等都直接影响温室的光照特性、保温与蓄热特性以及环境的调控特性,而且这些影响因素相互交织、相互制约;加之气象条件、太阳辐射等外部环境动态变化特性对日光温室热环境的复杂影响过程,决定了日光温室不加温或少加温高效生产喜温果蔬菜,一定不是凭借经验、简单效仿就可实现的。需要有一套科学的日光温室建筑设计方法,需要将绿色低能耗建筑热工设计理念与设计方法引入到传统日光温室建筑设计过程中,需要将建筑新材料、新装备、新技术融入到传统日光温室建筑构筑体系中,以提高日光温室建筑热工性能以及光热资源利用率,有效降低日光温室冬季夜间供热能耗,从而达到节能减排目的。

　　该书作者陈超教授及其团队,长期从事建筑热工理论与应用的研究,在日光温室建筑热工设计理论及光热湿环境控制技术应用研究方向开展了深入的理论研究和工程实践探索,并将多年的研究体会以及对日光温室建筑热工设计理论和方法的理解整理成书,丰富了原有的日光温室建筑热工设计理论。希望更多相关学科的学者和专家关注农业问题,共同促进我国现代农业的发展。

刘加平

2017 年 9 月 20 日

# 前　　言

日光温室是我国独创且适合国情的一种设施农业建筑形式。从 20 世纪 80 年代发展至今,已成为我国广大北方地区冬季"反季节"蔬菜作物生产的重要设施,对保证城镇居民"菜篮子"安全、改善民生等起到了积极作用。然而,我国虽有世界第一的设施农业种植面积,产量却仅为先进国家的 1/3,甚至更低,主要是因为,我国在设施农业这种系统工程中的相关基础研究比较薄弱且缺乏系统性。普遍存在重视种植栽培和温室墙体保温,轻视温室墙体蓄热和温室热湿环境控制,特别是在日光温室建筑结构节能优化设计方法以及新材料开发与应用等方面的相关研究非常缺乏。关于温室热湿环境的控制手段更是匮乏,致使日光温室建筑构造不合理,墙体蓄热性能差。对于 35°N 以北地区越冬生产的日光温室,在夜间特别是后半夜,将难以保证喜温果蔬菜作物生长必要的热环境需求。

日光温室实际上是一种以太阳能为主要能源、体形系数很大的农业建筑,主要由墙体(北、东、西墙体)、后屋面、前屋面(塑料薄膜)、保温被、土壤等构成。白天通过前屋面获得蔬菜作物生长所需要的光照和热能,同时将白天多余的太阳能储存在墙体特别是北墙体和土壤内,夜间再向温室环境释放,以维持蔬菜作物生长必要的热环境。因此,日光温室建筑朝向的合理确定、建筑空间形态特征参数(高跨比、北墙高度、后屋面水平投影长度等)的合理匹配、温室墙体特别是北墙体热工性能的优化设计,对高效利用太阳能改善北方地区温室夜间特别是后半夜热环境具有非常重要的意义。然而,太阳辐射与气象双重因素的动态变化特性对温室热环境的影响过程是非常复杂的,需要借助建筑热工理论、建筑环境学、材料学、现代数值计算方法以及大量的试验求证方法,对日光温室建筑热过程进行深入认识和分析研究,形成一套可指导日光温室建筑热工性能优化设计以及热环境营造的理论和方法。

为此,作者团队自 2002 年即开始了关于现代日光温室建筑热工设计理论与方法的研究,历时 10 余年。在国家自然科学基金项目、北京市科技计划项目、北京市自然科学基金项目、北京市农业科技示范推广项目等资助下,围绕相变蓄热材料及其相变蓄热技术、太阳能集热装置及其集热技术、日光温室建筑墙体热工性能及其构筑方式、日光温室建筑热工设计方法以及日光温室热湿环境控制方法等进行了系统深入的理论、方法、材料和装置创新研究,形成了一套可指导日光温室实际工程应用的技术理论体系。该研究成果先后在北京、山西、新疆维吾尔自治区、河北、内蒙古自治区等地区得到成功应用。

　　本人将研究团队 10 余年发表在国内外重要学术刊物的论文、博士和硕士研究生毕业论文进行梳理并总结成书,希望给为我国设施农业现代化辛勤奉献的青年学者、工程技术人员提供技术参考和应用借鉴。

　　本书的编写凝聚了我已毕业或在读博士研究生和硕士研究生约 20 余人的集体智慧,特别是凌浩恕博士、李印硕士、杨枫光硕士、管勇博士、张明星硕士、李娜硕士、姜理星硕士、孙超硕士、韩枫涛博士,还有多位同学仍然在这一研究方向继续努力。在此,谨向这些为我国设施农业现代化做出重要工作和付出的莘莘学子表示深深的感谢!

　　此外,特别感谢中国工程院院士刘加平为本书的定位、框架构建、各章节之间关系的确立及用词的科学性等给予的极为细致、认真的指导。还要感谢北京市农村工作委员会王永泉研究员、北京市农业技术推广站曹之富副站长、商磊总经理、雷喜红博士、刘建伟工程师,新疆农业科学院马彩雯研究员、邹平高工、张彩霞高工,山西省农业科学院籍主任、张纪涛工程师等,他们为研究理论和技术体系的实践提供了非常重要的帮助和支持。如果没有他们的支持和帮助,将无法验证我们研究结果的有效性。

　　农业现代化是我们国家的基本国策,与我们每个人息息相关,我们有责任也有义务,共同为我国设施农业的现代化做出应有的贡献。对于设施园艺、日光温室蔬菜作物栽培,我的认识还很肤浅和局限,书中难免存在不足之处,恳请广大读者批评指正。

陈　超

于北京工业大学小红楼

2017 年 11 月

# 目　　录

# 第1章 绪 论

## 1.1 日光温室建筑发展历程

### 1.1.1 日光温室建筑的作用及其特点

日光温室是一种我国独创且符合我国国情的设施农业建筑。从 20 世纪 80 年代发展至今,已成为我国广大北方地区冬季"反季节"蔬菜作物生产的重要设施,对保证城镇居民"菜篮子"安全、改善民生等起到了积极作用。日光温室建筑利用温室效应和半透明效应,在寒冷季节通过围护结构的太阳能集热、蓄热与保温,并借助太阳能营造作物生长需要的热环境,实现反季节喜温果蔬菜的越冬生产,受到广大农业生产者的青睐。截至 2012 年,我国日光温室蔬菜作物栽培面积已达 92 万 hm²,约占全国设施蔬菜作物栽培总面积的 26.4%。目前,我国日光温室建筑前十大省市区分别是辽宁省、山东省、河北省、陕西省、宁夏回族自治区、甘肃省、内蒙古自治区、河南省、山西省和吉林省,占全国日光温室建筑总面积的 95%以上。日光温室蔬菜生产产业的快速发展,解决了长期困扰我国北方地区的冬(淡)季鲜食蔬菜供应问题,丰富了城乡"菜篮子",改善了城市居民生活条件,同时也提高了农民收入,为我国"三农"事业发展做出了巨大贡献。特别是近年来东北和西北地区日光温室的快速发展,为建成稳固的日光温室冬季蔬菜作物生产基地奠定了基础[1]。

日光温室建筑适用于蔬菜、花卉和瓜果等作物的全季节栽培,其最大特点是所有能量都取自太阳能。白天,太阳以短波辐射方式投射到日光温室建筑内,并储存在土壤和墙体中;夜晚,随着温室内空气温度的不断下降,储存在墙体和土壤中太阳能逐渐向温室释放,以维持温室反季节蔬菜作物生产必要的热环境,其建筑热过程如图 1.1 所示。日光温室在自然环境不适宜的冬(淡)季生产蔬菜,也称为反季节栽培或不时栽培。反季节栽培生产黄瓜、番茄、甜瓜等喜温蔬菜时,确保温室内作物生长所需的光热湿环境是关键,而温室的光照特性(光照时间、光照质量)、集热与蓄热特性、保温以及热湿环境控制特性,是直接影响日光温室光热湿环境的三大关键因素。

### 1.1.2 日光温室建筑的发展

1978 年以来,我国日光温室产业得到了跨越式发展。据农业部统计数据显

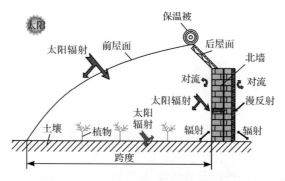

图 1.1　日光温室建筑传热过程示意图

示,我国日光温室种植面积从 1978 年开始起步,到 1994 年的 9.92 万 $hm^2$,后来发展到 2012 年的 92 万 $hm^2$,特别是自 1994 年以来,日光温室种植面积一直快速增长(见图 1.2[2]),已经逐步成为促进我国农村经济发展和农民增收的新兴支柱产业,在保障蔬菜周年均衡供应、增加就业和促进增收方面发挥了巨大作用,实现了较好的经济效益和生态效益[2,3]。

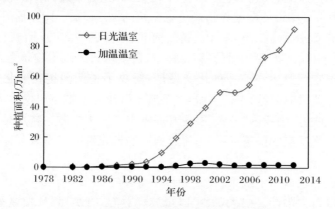

图 1.2　我国温室种植面积随时间变化情况

日光温室建筑发展历史大体可以分为初创时期、大规模发展初期、全面提升与发展期以及现代化发展期四个阶段[2,3]。

**1. 初创时期**

我国日光温室的雏形始于 20 世纪 20 年代,最先在海城市感王镇和瓦房店市复州城镇开始利用土温室生产冬春韭菜等蔬菜,30 年代后期传到鞍山市旧堡昂村一带,50 年代形成了鞍山式单屋面温室;同期,北京开始发展暖窖和纸窗温室,并于 50 年代形成北京改良式温室。这一时期主要采用土木结构玻璃温室,山墙和北墙为土坯墙或用草泥垛成,后屋面用桠和檩构成屋架,桠下用柱支撑,3m 一桠,即 3m 一开间;屋架用秫秸和草泥覆盖;前屋面用玻璃覆盖,晚间用纸被、草苫保温。这类温室一直沿用到 20 世纪 80 年代初期。

### 2. 大规模发展初期

20 世纪 80 年代初期,为解决冬(淡)季蔬菜供应问题,辽宁首先在瓦房店市和海城市等地区的农家庭院探索塑料薄膜日光温室冬春茬蔬菜不加温生产,获得成功后逐渐在大田中大面积发展。这一时期的日光温室主要采用竹木结构,拱圆形或一坡一立式,前屋面覆盖材料为塑料薄膜。典型的日光温室结构有海城感王式和瓦房店琴弦式,其中,海城感王式日光温室称为第一代普通型日光温室。

### 3. 全面提升与发展期

20 世纪 90 年代初期,我国北纬 32°以北的地区开始大面积推广以海城式、瓦房店琴弦式和鞍Ⅱ型为典型代表的第一代节能日光温室,包括黄瓜和番茄等主要果菜配套栽培技术的推广应用,实现了室外空气温度低达−20℃地区的不加温日光温室年产番茄和黄瓜 22.5kg/m² 的高产纪录。90 年代中期,第二代节能日光温室——辽沈Ⅰ型日光温室推出并在我国北方地区推广,此后各地也研制出多种适合当地气候条件的第二代节能日光温室;21 世纪初,第二代节能日光温室蔬菜高产优质安全栽培技术得到进一步推广,实现了室外空气温度低达−23℃地区不加温日光温室年产番茄、黄瓜、茄子 30.0kg/m² 的高产纪录。这一时期我国日光温室蔬菜生产面积达 50 万 hm²。日光温室蔬菜产业的快速发展,解决了长期困扰我国北方地区冬(淡)季蔬菜供应问题,大幅增加了农民收入,成为许多地区的支柱产业。

### 4. 现代化发展期

现代化发展期始于 21 世纪初,随着现代科技的高速发展,农业现代化已成为必然趋势,日光温室建筑结构优化,环境控制自动化,日光温室建造标准化,显著提高日光温室低碳、高效、绿色生产,将是这一时期的重要发展目标。

## 1.2　日光温室建筑热工设计对其光热环境的影响

日光温室实际上是一个体形系数很大的农用建筑。该建筑由墙体(北、东、西墙体)、后屋面、前屋面、土壤、地面等外围护结构构成(见图 1.1)。这些建筑“构件”的构造方式、结构尺寸、材料的热工性能等都直接影响温室的光照特性、保温与蓄热特性以及环境的调控特性,而且这些影响因素相互交织、相互制约。例如,宽大的前屋面,白天可使太阳光顺利透过塑料薄膜进入温室而获得大量太阳光热能量,但如果不能将其及时高效率储存,由于冬季夜间室外空气温度低于白天且没有太阳辐射,反而会因为前屋面面积过大加之屋面覆盖材料的保温性能有限,白天所获太阳热能将大量流失,致使"入不敷出"。据研究分析,夜间通过前屋面的热损失量约占整个日光温室围护结构热损失的 75% 以上。而减小前屋面面积,虽然夜间通过前屋面的热损失减少了,但白天通过前屋面进入的太阳光热能也相应减少了。因此,日光温室的建筑朝向、建筑空间形态特征不仅影响日光温室的光照与光热特性,而且直接影响其热湿环境控制特性。

## 1.2.1　建筑朝向

日光温室建筑朝向也称方位角,指日光温室建筑的正立面(北墙面)所面对的方向与正南向偏离的角度。日光温室建筑朝向对蔬菜作物生长期温室可获得的太阳光照量和光照时长产生直接影响。长期以来,区域气候、主要栽培季节等方面的差异使人们对日光温室建筑朝向始终没有达成一致意见。归纳起来,主要有3 种观点:①南偏东,理由是可以"抢阳",升温快,可促进上午植物光合作用,并能削弱西北风对透光面的降温作用;②南偏西,理由是早晨温度低,卷帘晚,空气湿度大,有时出现雾等使光照减弱的天气现象,偏西可有利于利用下午的光照;③正南方向,理由是上述两种意见的折中[4~6]。

由于目前关于日光温室建筑朝向尚缺乏统一的标准,在生产实践中,大多根据经验确定。例如,40°N 以北地区日光温室建筑朝向宜按南偏西 5°~10°建造,主要考虑这一地区冬季气候寒冷、昼夜温差较大、早晨室外空气温度低,上午开启保温覆盖物时间不宜过早,延长午后的日照时间;而 38°N 以南地区日光温室建筑朝向宜按南偏东 5°~10°建造,主要考虑这类地区冬季气候比较温暖、早晨室外空气温度不是太低,可以早开保温覆盖物,尽量增强午前的太阳光照,使午前温室迅速升温,对蔬菜作物生长发育有利;38°N~40°N 地区大多宜采用正南方向。

实际上,太阳辐射随时间、季节的变化是有规律可循的。如果能定量把握地理纬度、太阳运动轨迹及其对蔬菜作物关键生长期温室可最大限度获取太阳光热能的影响规律,就有可能给出日光温室建筑朝向的定量计算方法,而不再是仅仅依靠经验取值。关于日光温室建筑朝向设计计算方法将在第 3 章进行详细论述。

## 1.2.2　建造间距

随着我国日光温室建筑的不断发展和日光温室发展规模的不断扩大,多栋日光温室群的建造是必然趋势。在大规模建造日光温室群时,为了综合考虑土地利用率和温室日照要求等因素,必须考虑日光温室建造间距对前后温室的太阳光遮挡问题。实际上,在日光温室建筑园区规划建设中,前后两排日光温室建造间距的大小直接影响后排日光温室建筑的采光,合理的日光温室建造间距不仅能保证后排温室的日照时间,而且可提高日光温室建筑园区的土地利用率。目前,大部分地区日光温室建造间距根据式(1.1)进行计算。

$$L_j = HS_z - L_1 - L_2 \qquad (1.1)$$

式中,$L_j$ 为前、后两栋日光温室建造间距,即前栋日光温室建筑北墙根到后栋日光温室建筑前沿的距离,m; $H$ 为日光温室建筑最高点距离地面高度,m; $S_z$ 为有效遮阴系数;$L_1$ 为日光温室建筑最高遮阴点到北墙内侧的水平距离,m;$L_2$ 为北墙底宽,m。

很多研究发现[7],通过式(1.1)计算得到的结果偏小,冬季尤其是冬至日前后两周内,日光温室建筑满窗采光时间不能满足 4h 的照射需求。

由于日光温室建造间距直接受太阳辐射变化规律的影响,因此需要研究不同地理纬度太阳辐射动态变化规律,并结合日光温室建筑构造特点,更为科学地建立关于不同地理纬度地区日光温室合理间距的设计计算方法。

### 1.2.3　建筑空间形态特征参数

日光温室建筑空间形态特征参数主要包括跨度、脊高、北墙高度、后屋面仰角及其水平投影长度等。陈端生等[8]的研究发现,圆形-椭圆形组合的采光屋面更有利于提高温室内直射采光量。邢禹贤等[9]模拟分析了不同结构单坡面塑料日光温室采光量,提出拱式屋面的采光效果明显高于琴弦式,可在冬至日提高14.0%的采光量。王永宏等[10]对兰州地区日光温室结构进行了优化设计,发现跨度 6m、脊高2.8m、后屋面仰角 37.5°、后屋面水平投影长度 1m、北墙高度 2.03m 的日光温室效果最佳,冬至日前后透光率达到 60.3%。姚继唐[11]解读了《山西大同地区 DTS-RWS-860 型高效节能日光温室建造技术规范》关于日光温室建筑朝向、跨度、脊高、前屋面仰角、后屋面仰角及其水平投影长度的相关规定和要求。陈秋全等[12]在分析高寒地区环境特点的基础上,提出高效节能温室的最佳建筑空间特征参数,即建筑朝向为南偏西 5°～7°,跨度为 6～6.5m,脊高为 3.4～3.5m,前屋面仰角为 37°～38°,后屋面仰角为 30°、后屋面水平投影为 1.5m。佟国红和李保明等[13]以沈阳为例,采用多目标模糊决策法对日光温室建筑空间形态特征参数进行了优化,并推荐了相应参数的最优值。

1. 跨度

日光温室建筑跨度设计要依据地形及土地面积、最大允许高度、骨架最大允许应力来确定。在地形平坦、地况开阔且日光温室最大高度和骨架最大允许应力都满足要求的前提下,跨度越大越有利于耕种,但随着跨度增大,夜间维持温室必要热环境需要的供热量也随之增大。根据目前研究结果,一般认为跨度以 6～

12m 为宜。跨度小于 6m 时,栽培空间较小,空气温湿度缓冲能力小;跨度大于 12m 时,一方面会因为骨架最大允许应力加大而增加单位面积建造成本,另一方面也会因为温室空间过高、过大,加大维持温室必要热环境所需的供热量。

### 2. 脊高

日光温室建筑脊高设计要充分考虑主栽作物种类、最大风力等因素的影响,并依据最大允许跨度、最佳保温比和合理的前屋面仰角来确定。一般主栽作物较高大,地形和地块开阔,风力小的地方,日光温室建筑脊高可设计高些,否则需设计低些。一般日光温室建筑脊高应较主栽作物高 30% 以上,在跨度适宜范围内,脊高宜为 3~7m。脊高小于 3m 时,日光温室前屋面仰角角度不够;脊高大于 7m 时,日光温室空间太大,所需供热量加大,同时温室热环境稳定性难以保证。

### 3. 北墙高度

日光温室建筑墙体,特别是北墙体集太阳能集热、蓄热、保温于一体,其建筑热工性能直接影响温室热环境的营造。北墙体设计不但要考虑其保温性能,更要考虑太阳能的蓄热性能。当温室长度一定,北墙高度则决定了温室室内能够被太阳照射到的面积,进而也影响其集热与蓄热的性能。

### 4. 后屋面仰角及水平投影长度

日光温室建筑后屋面设计包括后屋面仰角及水平投影长度的确定。通常,后屋面仰角应满足冬季大部分时间太阳直射光线可照射到后屋面,纬度越高要求太阳直射光线照到后屋面上的时间越长。根据现行经验[2],后屋面仰角在 42°~50° 为宜;后屋面水平投影长度以太阳直射光线在夏至日中午时刻照到距北墙体水平距离 0.5m 处为基本设计原则。

随着季节变化,太阳高度角、太阳辐射强度以及室外气象参数都在动态变化,直接影响了日光温室光热湿传递规律;同时也决定了日光温室建筑空间形态特征参数,不可能简单确定。因此必须结合蔬菜作物生长期对光热湿环境需要的特点,依据建筑热平衡理论与最优化控制理论,研究温室前屋面结构形状及结构尺寸变化对太阳光入射角变化及太阳光透过率变化的影响规律,温室各建筑构件[墙体、前(后)屋面]结构尺寸变化对温室获取太阳光热能的影响,以及各建筑构件的构造方式、建筑材料热工性能对温室保温与蓄热性能的影响规律,进而提出不同地理纬度地区日光温室建筑空间形态特征参数优化设计方法。

## 1.2.4 围护结构的保温与蓄热

日光温室围护结构包括墙体[北墙体、东(西)山墙]、后屋面和前屋面。日光温室墙体,特别是北墙体集太阳能集热、蓄热、保温于一体,是日光温室被动利用太阳能为温室增温、维持温室夜间作物生长必要热环境的重要"加热元件";日光温室后屋面内表面白天主要接受的是太阳的散射辐射,集热与蓄热能力有限,提高后屋面的保温性能是关键;夜间通过前屋面的热损失占整个日光温室围护结构热损失的75%以上,因此提高前屋面覆盖物保温性能是关键。

关于日光温室墙体的保温与蓄热问题,白义奎等[14]和陈端生[15]通过研究日光温室不同结构墙体的保温性能及其对温室热环境的影响,发现任何单一材料墙体的保温性能均低于多层异质复合墙体的,且异质复合墙体还具有厚度薄、节省材料的特点。佟国红等[16]通过理论分析和试验证明,聚苯板作为保温材料、砖作为蓄热材料应用于日光温室墙体是合理的,且以内侧为砖、外侧为聚苯板异质复合墙体为宜。周长吉[17]提出理想的复合异质墙体结构应是内侧由吸热、蓄热能力较强的材料组成蓄热层,外侧则由传热能力较差的材料组成保温层,中间有夹层隔热的异质复合墙体;并对比了常用夹层填充材料的保温效果,其优劣次序依次为珍珠岩、熔渣、木屑、空气间层。梁建龙[18]推荐日光温室墙体构造形式为内、外侧为砖砌体,中间隔层内加熔渣等保温材料的异质复合结构墙体,且墙体厚度需大于0.77m,保证其具有较好保温性,以适合深冬蔬菜作物的栽培。张立芸等[19]对比了加气混凝土与聚苯板构筑的异质复合墙体和黏土红砖砌体的热特性,发现异质复合墙体热特性更优。柴立龙等[20]对八种不同构造的日光温室墙体进行了包括传热系数、总热阻、材料蓄热系数及热惰性指标等热工性能参数的计算和分析,发现温室墙体构造为"370mm 黏土砖＋100mm 聚苯板＋370mm 黏土砖"和"200mm 加气混凝土砌块＋100mm 聚苯板＋200mm 加气混凝土砌块"的热惰性指标较高,保温性能也较好。

实际上,建筑围护结构的保温与蓄热问题涉及建筑材料的热物性特性。保温问题主要与材料的导热系数有关,即与墙体的热阻关联;而蓄热问题则与材料的比热容、密度等参数关联,即与墙体的热容关联。两者呈现的物理意义是不一样的。保温性能好的材料,如聚苯板、加气混凝土等,导热系数虽小但密度也小,属于轻质材料,蓄热能力弱;而显热蓄热能力强的材料,如黏土砖、黏土等,密度大且比热容尚可,属于重质材料,保温性能一般。另外,受墙体自身传热性能的限制,投射到温室墙体的太阳能可进入墙体内部的深度仅为200～300mm,在日照时间有限且低温寒冷的冬季,仅通过墙体被动显热蓄热的方式,是难以满足冬季北方地区温室蔬菜作物生长热环境的要求。需要结合采用新材料、新技术、新型墙体的构筑理念,大幅提高现有日光温室墙体的蓄热能力和太阳能利用率。

## 1.2.5 温室环境通风换气

在温室蔬菜作物生产管理过程中,通风换气对温室环境的调控具有非常重要的作用。首先,日光温室通风可以降低室内温度,排除余湿和有害气体,补充二氧化碳;其次,通风换气能使温室内温度和湿度的分布更加均匀,消除室内的冷点、热点和稠密叶面区的高湿点,调节植物叶面微环境,降低叶片温度,减少叶片水分凝结,避免在高湿点产生病害;再次,通过通风换气,还可以促使温室内空气的流动,进而减小植物叶片蒸腾作用的扩散阻力,提高空气交换的速率;最后,通风换气可有助于蔬菜作物叶片来回摆动,增强整个蔬菜作物群体的采光性能,提高产量。目前日光温室常采用的通风换气方式有自然通风和机械通风。自然通风主要是依靠自然风压和热压的作用,通过温室前屋面的腰风口和顶风口对温室进行通风换气;机械通风主要是在室外温度较高的季节,通过在东(西)依靠山墙上安装的风机对温室进行强制通风降温。

通过电机或者人力带动卷膜杆打开通风口薄膜的卷膜通风方式属于自然通风。经测算,通风换气时的换热损失约占整个日光温室吸热量的 95.61%。

# 第 2 章　日光温室建筑热工设计理论基础

## 2.1　日光温室建筑外环境

室外气象参数是影响日光温室建筑光热环境特性的关键参数,本节重点讨论与之密切相关的太阳辐射、天空辐射、空气温度、空气湿度和土壤温度等。

### 2.1.1　太阳辐射

#### 1. 太阳辐射及其影响因素

太阳通过内部热核反应向周围空间放射出的巨大能量称为太阳辐射能,简称太阳辐射。太阳辐射透过大气层后,其总能量被减弱,辐射波谱也有所改变。太阳辐射总量是一日、一月、一年或任意时段内地面所接收的太阳辐射能的总量,按方向可分为直射辐射和散射辐射。直射辐射是直接从太阳投射到地球的辐射,不改变方向,并形成平行光到达地球表面;散射辐射是受大气层散射影响而改变方向的太阳辐射。直射辐射和散射辐射的总和称为总辐射。

太阳辐射热量的大小用辐射强度来表示,是指在太阳辐射下 $1m^2$ 黑体表面所获得的辐射能通量,单位为 $W/m^2$。太阳与地球之间的距离随时间变化,地球大气层上边界处与太阳光线垂直表面上的太阳辐射强度也随之变化,1 月 1 日最大,为 $1405\ W/m^2$;7 月 1 日最小,为 $1308\ W/m^2$,相差约 $7\%$[21]。

太阳总辐射强度直接受太阳高度、大气透明度、大气层厚度、纬度、海拔、坡度和坡向、云等因素的影响。

1) 太阳高度

太阳高度随时间、地理纬度而动态变化,太阳总辐射则与太阳高度角正相关。一天中,正午太阳高度角最大,太阳总辐射也最强;一年中,太阳高度角夏至最大,冬至最小,相应的太阳总辐射也是夏至最大,冬至最小。

2) 大气透明度

大气透明度受大气中所含水汽、水汽凝结物和微尘杂质的影响。这些物质越多,大气透明度越差,到达地面的太阳直射辐射减少,致使太阳总辐射减少。而当大气透明度减小时,大气中散射质点增多,太阳散射辐射增强,所占太阳总辐射的比例也增大。显然,"雾霾"天气直接影响大气透明度,进而影响太阳直射辐射强度。

3）大气层厚度

大气层越厚，大气对太阳辐射减弱作用越强，到达地面的太阳总辐射越少。通常，早晚的太阳总辐射弱，正午时强。

4）纬度

地理纬度越高，太阳高度角越小，阳光穿透的大气层越厚，太阳直射辐射越弱，太阳总辐射也越弱。但高纬度地区，天空常有明亮的薄云，地面有积雪覆盖，投射到雪面上的阳光在天地之间多次反射，使太阳散射辐射增强，相应占太阳总辐射的比例也增大。纬度不同还会引起白昼长短的变化，随着纬度升高，夏季白昼加长，地面接收太阳辐射的时间也随之加长；冬季则反之。

5）海拔

海拔越高，大气柱越短，大气稀薄且水汽含量以及尘粒都会减少，太阳直射辐射越强，太阳散射辐射越弱，地面接收的太阳总辐射越强。

6）坡度和坡向

北半球北回归线（23.5°N）以北地区，纬度越高，南坡向阳、北坡背阴的趋势越明显，且冬季比夏季显著。这是因为23.5°N以北地区，阳光总是从南面射入，因此在一定范围内，阳光入射角随南坡坡度加大而增大，相应坡面得到的太阳总辐射也随南坡坡度加大而增加；冬季较夏季明显。

7）云

通常，云越厚越多，太阳直射辐射越弱；但随着云量的增加，太阳散射辐射占太阳总辐射比例增大，特别是天空中有大量明亮高云存在且太阳高度角又较小时，云层向地面反射，太阳散射辐射增强尤其显著。

## 2. 太阳辐射强度和太阳常数

太阳辐射能是地球的主要能源，大气本身对太阳辐射直射吸收很少，而水陆、植被等地球表面却能大量吸收太阳辐射，并转化为热量供给大气。太阳辐射能是决定地球气候的主要因素，对地球的宏观气候以及微观气候有决定性影响。

地球绕太阳沿椭圆形轨道逆时针运转，而太阳所居位置有所偏心，因此太阳与地球之间的距离逐日在变化。每年的1月1日地球在近日点，日地距离最近，约为$1.47\times10^{11}$m；7月1日地球在远日点，日地距离最远，约为$1.53\times10^{11}$m。如图2.1所示，除公转以外，地球还绕地轴自转，地轴与地球绕太阳运行轨道平面（黄道平面）的法线呈固定的夹角，其值为23°27′。因地球自转而形成昼夜，因地球公转而形成四季。

在地球大气层上边界，投射到垂直于太阳光射线平面上的太阳辐射强度称为太阳常数。目前，我国采用的太阳常数为$1367W/m^2[1.98cal_{mean}/(cm^2\cdot min)]$[①]。

---

① 1 cal_{mean}（平均卡）＝4.190J。

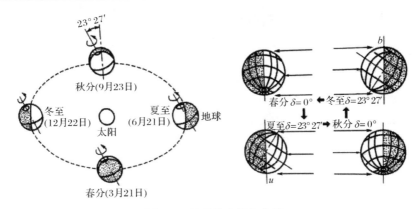

图 2.1 地球的自转与公转

但是,太阳和地球之间的距离逐日变化,地球大气层上边界处垂直于阳光射线表面上的太阳辐射强度也随之变化,太阳常数并不是恒定不变的,各月大气层外边界处太阳辐射强度参见表 2.1。

表 2.1 各月大气层外边界处太阳辐射强度

| 月份 | 1 | 2 | 3 | 4 | 5 | 6 | 7 | 8 | 9 | 10 | 11 | 12 |
|---|---|---|---|---|---|---|---|---|---|---|---|---|
| 太阳辐射强度/ $[kcal_{mean}/(m^2 \cdot h)]$ | 1208 | 1200 | 1185 | 1165 | 1148 | 1133 | 1126 | 1132 | 1145 | 1162 | 1181 | 1198 |

图 2.2 中曲线为太阳辐射光谱,它接近于 6000K 的黑体辐射光谱。

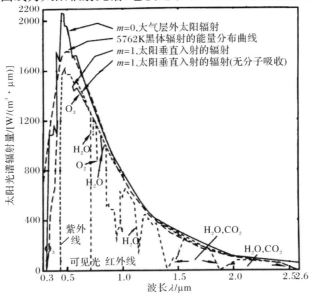

图 2.2 太阳辐射光谱

太阳常数与太阳辐射光谱的关系可用式(2.1)表示:

$$I_0 = \int_0^\infty E(\lambda)\,d\lambda \tag{2.1}$$

式中,$I_0$ 为太阳常数,W/m²;$\lambda$ 为辐射波长,μm;$E(\lambda)$ 为各种波长的太阳辐射强度,W/(m²·μm)。

对应各种波长的太阳辐射强度见表 2.2。可以看出,全部波长辐射能量的总和为 1353W/m²,其中,99%的能量集中在波长为 0.28~5.0μm 的波段。

**表 2.2　太阳辐射光谱标准值**

| $\lambda$ /μm | $E(\lambda)$ /[W/(m²·μm)] | $E(0\text{-}\lambda)$ /(W/m²) | $D(0\text{-}\lambda)$ /% | $\lambda$ /μm | $E(\lambda)$ /[W/(m²·μm)] | $E(0\text{-}\lambda)$ /(W/m²) | $D(0\text{-}\lambda)$ /% |
|---|---|---|---|---|---|---|---|
| 0.12 | 0.9 | 0.0048 | 0.0003 | 0.58 | 1715 | 448.874 | 33.176 |
| 0.14 | 0.03 | 0.0073 | 0.0005 | 0.6 | 1666 | 482.796 | 35.683 |
| 0.16 | 0.23 | 0.0093 | 0.0006 | 0.62 | 1620 | 515.469 | 38.089 |
| 0.18 | 1.25 | 0.023 | 0.0016 | 0.64 | 1544 | 546.879 | 40.421 |
| 0.2 | 10.7 | 0.1098 | 0.0081 | 0.66 | 1486 | 577.159 | 42.657 |
| 0.22 | 57.5 | 0.6789 | 0.0502 | 0.68 | 1427 | 606.584 | 44.81 |
| 0.24 | 63 | 1.9356 | 0.143 | 0.7 | 1369 | 634.284 | 46.379 |
| 0.26 | 130 | 3.6516 | 0.269 | 0.72 | 1314 | 661.134 | 48.864 |
| 0.28 | 222 | 7.6366 | 0.564 | 0.74 | 1260 | 686.909 | 50.769 |
| 0.3 | 514 | 16.3816 | 1.21 | 0.76 | 1211 | 711.614 | 52.595 |
| 0.32 | 830 | 30.2016 | 2.218 | 0.78 | 1159 | 735.3140 | 54.3460 |
| 0.34 | 1074 | 50.3566 | 3.721 | 0.8 | 1109 | 757.9840 | 56.0230 |
| 0.36 | 1064 | 71.9366 | 5.316 | 0.85 | 900 | 810.4340 | 59.8990 |
| 0.38 | 1120 | 94.7566 | 7.003 | 0.9 | 891 | 857.3290 | 63.3650 |
| 0.4 | 1429 | 110.054 | 8.725 | 0.95 | 837 | 900.5090 | 66.5560 |
| 0.42 | 1747 | 151.834 | 11.222 | 1 | 748 | 940.1840 | 69.4880 |
| 0.44 | 1810 | 185.706 | 13.725 | 1.1 | 593 | 1007.1090 | 74.4350 |
| 0.46 | 2066 | 225.321 | 16.652 | 1.2 | 483 | 1060.8090 | 78.4040 |
| 0.48 | 2074 | 266.296 | 19.681 | 1.3 | 397 | 1104.1590 | 81.6520 |
| 0.5 | 1942 | 305.766 | 22.569 | 1.4 | 337 | 1141.0090 | 84.3310 |
| 0.52 | 1833 | 343.379 | 25.374 | 1.5 | 288 | 1172.2340 | 86.6390 |
| 0.54 | 1783 | 379.979 | 28.084 | 1.6 | 245 | 1198.9090 | 88.6130 |
| 0.56 | 1695 | 414.669 | 30.648 | 1.7 | 202 | 1221.2340 | 90.6210 |

| λ /μm | E(λ) /[W/(m²·μm)] | E(0-λ) /(W/m²) | D(0-λ) /% | λ /μm | E(λ) /[W/(m²·μm)] | E(0-λ) /(W/m²) | D(0-λ) /% |
|---|---|---|---|---|---|---|---|
| 1.8 | 159 | 1239.2590 | 91.5930 | 15 | 0.0481 | 1352.8920 | 99.9817 |
| 1.9 | 126 | 1253.4840 | 92.6440 | 20 | 0.0152 | 1352.9683 | 99.9920 |
| 2 | 103 | 1264.9090 | 93.4890 | 30 | 0.00297 | 1352.9860 | 99.9976 |
| 2.5 | 55 | 1302.8090 | 96.2903 | 40 | 0.000942 | 1352.9927 | 99.9988 |
| 3 | 31 | 1323.6090 | 97.8277 | 50 | 0.000391 | 1352.9990 | 99.9994 |
| 3.5 | 14.5 | 1334.3290 | 98.6200 | 100 | 0.0000257 | 1352.9998 | 99.9995 |
| 4 | 9.5 | 1340.2540 | 99.0579 | 200 | 0.00000169 | 1352.9999 | 99.9999 |
| 4.5 | 5.92 | 1344.0351 | 99.3374 | 400 | 0.00000011 | 1352.9999 | 99.9999 |
| 5 | 3.79 | 1346.3999 | 99.5121 | 1000 | 0 | 1353.0000 | 100.0000 |
| 10 | 0.241 | 1352.1774 | 99.9392 | | | | |

注:λ 为波长,μm;E(λ)为在以 λ 为中心的一个窄光带上的平均太阳辐射强度,W/(m²·μm);E(0-λ)为 0~λ 波段太阳辐射强度累计值,W/m²;D(0-λ)为 0~λ 波段太阳辐射强度所占的百分比。

以光谱形式发射出的太阳辐射通过厚厚的大气层后,其光谱分布将发生变化。太阳光谱中的 X 射线及其他一些超短波射线通过电离层时,会被氧气、氮气及其他大气成分强烈地吸收;大部分紫外线(波长为 0.29~0.38μm)被臭氧吸收;波长超过 2.5μm 的射线在大气层外的辐射强度本来就很低,加之大气层中的二氧化碳和水蒸气对它们强烈的吸收作用,到达地面的能量微乎其微。因此,地面接收的太阳辐射主要为中短波辐射,即地面可利用的太阳辐射波长为 0.28~2.5μm 的射线。

### 3. 几个重要的角度

#### 1) 赤纬角

赤纬角是地球绕太阳运行造成的特殊现象,是地心与太阳中心连线和地球赤道平面之间的夹角,变化范围为 ±23.5°,周期为一年。赤纬角使地球处于黄道平面不同位置时受到的太阳光线照射方向不同,从而造成四季的变化。赤纬角的逐日变化是地球表面上太阳辐射分布变化、昼夜时间长短变化以及各季太阳辐射强度变化的重要原因。赤纬角的计算式为

$$\delta = 23.5\sin\left(360 \times \frac{284+n}{365}\right) \tag{2.2}$$

式中,n 为一年内的天数。

#### 2) 时差

地球的自转速度约为 15°/h。地球自转使得地球和太阳之间的距离和相对位置随时间在不断变化。地球赤道与黄道平面存在的夹角使得以真太阳时表示的

时间与以平均太阳时表示的时间之间存在差值,将该差值称为时差 $e$。真太阳时是以当地太阳位于正南向的瞬时为正午,地球自转 $15°$ 为 $1\text{h}$。

真太阳时 $H$ 为

$$H_z = H_S \pm \frac{\beta - \beta_S}{15} + \frac{e}{60} \qquad (2.3)$$

式中,$H_S$ 为该地区标准时间,$\text{h}$;$\beta$ 和 $\beta_S$ 分别为当地的经度和地区标准时间位置的经度,$(°)$;东半球,式中 $\pm$ 号取正号,西半球取负号;$e$ 为时差,$\text{min}$。

其中,

$$e = 9.87\sin 2B - 7.53\cos B - 1.5\sin B \qquad (2.4)$$

$$B = \frac{360(n-81)}{364} \qquad (2.5)$$

若将真太阳时用角度表达,称为当地太阳时角 $\omega$:

$$\omega = \left( H_S \pm \frac{L - L_S}{15} + \frac{e}{60} - 12 \right) \times 15 \qquad (2.6)$$

3) 太阳高度角

对于地球表面上的某点,太阳的空间位置可以用太阳高度角 $h$ 和太阳方位角 $a$ 来确定,如图 2.3 所示。

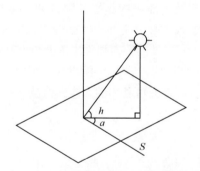

图 2.3　太阳高度角与方位角

太阳高度角是地球表面某点和太阳的连线与地平线之间的夹角。其计算公式为

$$\sin h = \sin\varphi\sin\delta + \cos\varphi\cos\delta\cos\omega \qquad (2.7)$$

式中,$\varphi$ 为地理纬度,$(°)$;$\delta$ 为赤纬角,$(°)$;$\omega$ 为太阳时角,$(°)$。

太阳高度角的大小直接影响地平面可接收的太阳直射辐射量。据测定,太阳高度角 $<60°$ 时,地平面接收的太阳直射辐射量随太阳高度角增加而线性增加;太阳高度角 $\geqslant 60°$ 时,太阳直射辐射量增加速度减缓;太阳高度角为 $90°$ 时,太阳直射辐射量最大。太阳高度角越小,太阳辐射强度越弱,相应的透光率也越差。因此,太阳高度角是估算透光率,定量计算和评价全天太阳辐射强度等级的关键参数。

充分认识太阳高度角随时间和地理纬度的变化规律,对日光温室建筑热性能优化设计具有重要意义。

4) 太阳方位角

太阳方位角是太阳至地面某给定点的连线在地面上投影与当地子午线的夹角。太阳偏东时为负,偏西时为正。其计算式为

$$\sin\alpha = \frac{\cos\delta\sin\omega}{\cos h} \tag{2.8}$$

当采用式(2.8)计算的 $\sin\alpha \geqslant 1$ 或 $\sin\alpha$ 的绝对值较小时,可用式(2.9)计算:

$$\cos\alpha = \frac{\sin h\sin\varphi - \sin\delta}{\cos h\cos\varphi} \tag{2.9}$$

当采用式(2.9)计算时,太阳方位角 $\alpha$ 的正负要根据太阳时角 $\omega$ 来确定。

4. 到达地面的太阳辐射强度

1) 太阳直射辐射

任意平面上的太阳直射辐射均与该平面的入射角有关,设某平面的倾角为 $\theta$,其所接收的太阳辐射强度为

$$I_{D\theta} = I_{DN}\cos i = I_0 p^m \cos i \tag{2.10}$$

式中,$I_{DN}$ 为法向太阳辐射强度,$W/m^2$;$i$ 为入射角,(°);$I_0$ 为太阳常数,一般取 $1367W/m^2$;$p$ 为大气透明系数;$m$ 为大气质量。

对于水平面($\theta = 0°$):

$$I_{DH} = I_{DN}\sin h = I_0 p^m \sin h \tag{2.11}$$

对于垂直面($\theta = 90°$):

$$I_{DV} = I_{DN}\cos h\cos\varepsilon = I_0 p^m \cos h\cos\varepsilon \tag{2.12}$$

式中,$\varepsilon$ 为壁面太阳方位角,指壁面上某点和太阳之间的连线在水平面上的投影与壁面法线在水平面上投影的夹角;$I_{DH}$ 为水平面太阳辐射强度,$W/m^2$;$I_{DV}$ 为垂直面太阳辐射强度,$W/m^2$。

2) 太阳散射辐射

太阳散射辐射主要包括三项:天空散射辐射、地面反射辐射和大气长波辐射。其中,天空散射辐射是关键项[22],以下将重点讨论天空散射辐射的影响。

天空散射辐射是阳光经过大气层时,大气中的薄雾与少量尘埃使光线向各个方向反射和折射,形成一个由整个天空所照射的散乱光。多云天气散射辐射增多,而直射辐射则呈比例降低。对于任意倾斜角 $\theta$ 的表面晴天散射辐射强度 $I_{d\theta}$ 可用 Berlage 公式[22]计算得到,即当太阳照射到温室前屋面的入射角一定时,透过温室前屋面的太阳散射辐射强度为

$$I_{d\theta} = \frac{1}{2}(1+\cos\theta)I_{dH} = \frac{1}{4}(1+\cos\theta)I_0\sin h\frac{1-p^m}{1-1.4\ln p} \tag{2.13}$$

式中,$I_{dH}$ 为水平面上的太阳散射辐射强度,$W/m^2$。

3）太阳总辐射

任意倾斜表面上获得的太阳总辐射强度等于该平面上太阳直射辐射强度与散射辐射强度的总和。但是，在给出太阳总辐射强度的数据时，散射辐射一般只计算天空散射辐射一项：

$$I_{s\theta}=I_{D\theta}+I_{d\theta} \tag{2.14}$$

式中，$I_{s\theta}$ 为太阳总辐射强度，$W/m^2$。

上述分析结果表明，太阳总辐射主要受太阳高度角和大气透明系数的影响。太阳高度角越大，地平面接收的太阳总辐射量越大，太阳直射辐射量所占比例越大；大气透明系数越小，地平面接收的太阳总辐射量越小，太阳散射辐射量所占比例越大。据测算，晴天日（$p\approx70\%\sim80\%$）太阳散射辐射量占总辐射量的比例如下：$h\leqslant15°$时为 $30\%\sim50\%$，$h\geqslant30°$时为 $10\%\sim20\%$。

大气透明系数随着大气质量、云的种类和数量、雾以及烟煤污染等因素的变化而变化。据测定，夏季晴天日太阳直射辐射量占总辐射量的比例高达 $90\%$，而阴天日最低仅为 $30\%\sim40\%$。图 2.4[2] 反映了太阳直射辐射强度与太阳高度角和大气透明度的关系。

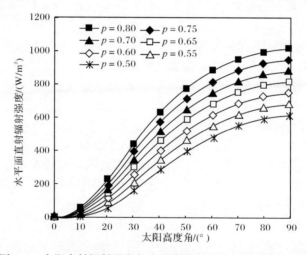

图 2.4　太阳直射辐射强度与太阳高度角和大气透明度的关系

图 2.5[8] 给出了 40°N 全年各月法向、水平表面、南向表面和东西表面每天获得的太阳总辐射量。可以看出，对水平面来说，仲夏期日总辐射量达到最大值；而南向垂直表面，冬季所接收的总辐射量最大。

图 2.6 反映了太阳辐射的月平均日累积量的季节变化规律，可以看出，5～9月太阳辐射月平均日累积量相对较高，以 7 月为最高；12 月～次年 2 月太阳辐射月平均日累积量相对较低，且以 12 月为最低。

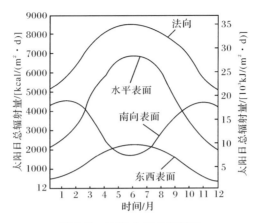

图 2.5　40°N 太阳总辐射量

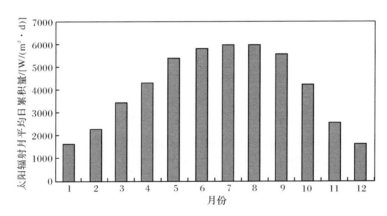

图 2.6　太阳辐射月平均日累积量的季节变化规律

北京地区不同月份太阳辐射日变化规律(晴天),如图 2.7 所示,12 月～次年 1 月为日照时数最短月,太阳辐射强度也最小;2 月和 3 月次之;4 月和 5 月日照时数最长且太阳辐射强度最大。

### 2.1.2　室外空气温度

室外空气温度是表征室外空气冷热程度的物理量,一般指距地面 1.5m 高、背阴处的空气温度,常在百叶箱内测得。

大气中的气体分子在吸收和放射辐射能时具有选择性,它对太阳辐射几乎是透明体。因此,地面与空气的热量交换是气温升降的直接原因。与地表直接接触的空气层,由于与地面的对流换热作用而被加热,进一步利用对流作用转移到上层空气。因此,气流或风带着空气团不断地与地表接触而被加热或冷却。在冬季

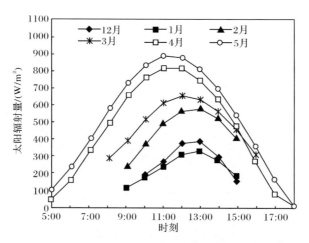

图 2.7　不同月份太阳辐射日变化规律(晴天)

和夜晚,有效天空温度低,由于地面向外太空长波辐射作用,地表温度较空气温度低,这样与地表接触的空气就会冷却下来。因此,影响地面附近室外空气温度的因素主要有:

(1) 投射到地面上的太阳辐射量起决定性作用。例如,室外空气温度的四季变化、日变化以及随地理纬度的变化,这都是由太阳辐射量的变化引起的。

(2) 地面的覆盖物,如草原、森林、沙漠、河流等以及地形的影响。不同的地形及地表面覆盖物对太阳辐射吸收和反射的性质不同,所以地面的增温也不同。

(3) 大气的对流作用对室外空气温度的影响也是不可忽略的。无论是水平方向还是垂直方向的空气流动,都会促进不同区域间的空气混合,以减小区域间空气温度差异[22]。

室外空气温度具有明显的周期性年变化特征,夏季温度高,冬季温度低。图 2.8[23]反映了北京地区室外空气温度年变化规律,在夏季(6~8 月)室外空气温度可以高达 35℃以上,在冬季(12~2 月)室外空气温度可以低至−10℃以下。

另外,室外空气温度也有显著的日变化规律。室外空气温度在一昼夜内的波动称为气温的日变化(或日较差)。室外空气温度的日变化主要是由地球每天接收的太阳辐射和放出热量形成的。图 2.9[23]反映了北京地区某晴朗天气室外空气温度的日变化。日最高温度通常出现在 14:00 左右,而不是正午太阳高度角最大的时刻;日最低温度出现在日出前后,而不是午夜。这是因为空气与地面间因辐射换热而产生的增温或降温需要有一段时间的延迟。

根据式(2.15)可计算室外空气温度的日变化规律:

$$t_w = \bar{t}_w + \beta \Delta t_w \tag{2.15}$$

式中,$t_w$ 为某时刻的室外空气温度,℃;$\beta$ 为该时刻的温度变化系数,华北五省区市

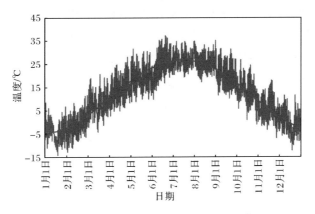

图 2.8　北京地区室外空气温度年变化

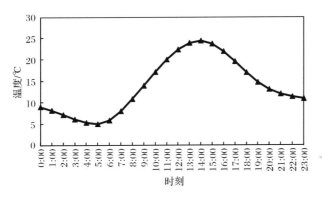

图 2.9　北京地区某晴朗天气室外空气温度日变化

1 月份室外空气温度变化系数取值见表 2.3；$\Delta t_w$ 为室外空气温度日较差，为日最高温度和最低温度的差值，℃；$\bar{t}_w$ 为日平均室外空气温度，可由式（2.16）计算。

$$\bar{t}_w = \frac{t_{wmax} + t_{wmin}}{2} \tag{2.16}$$

表 2.3　华北五省区市 1 月份室外空气温度变化系数

| 时刻 | 1:00 | 2:00 | 3:00 | 4:00 | 5:00 | 6:00 | 7:00 | 8:00 | 9:00 | 10:00 | 11:00 | 12:00 |
|---|---|---|---|---|---|---|---|---|---|---|---|---|
| $\beta$ | -0.35 | -0.37 | -0.40 | -0.44 | -0.46 | -0.48 | -0.50 | -0.39 | -0.09 | 0.12 | 0.28 | 0.39 |
| 时刻 | 13:00 | 14:00 | 15:00 | 16:00 | 17:00 | 18:00 | 19:00 | 20:00 | 21:00 | 22:00 | 23:00 | 24:00 |
| $\beta$ | 0.46 | 0.50 | 0.49 | 0.41 | 0.20 | 0.02 | -0.08 | -0.15 | -0.19 | -0.24 | -0.27 | -0.31 |

### 2.1.3　室外空气湿度

空气湿度是表示空气中水汽含量多少或空气潮湿程度的物理量。表示空气湿度的特征量很多,常用的有水蒸气分压力、含湿量、相对湿度、湿球温度和露点温度。室外空气湿度是表征湿空气中水蒸气含量多少的物理量。湿空气中的水蒸气来源于江河湖海的水面、植物及其他水体的水面蒸发。常见的评价指标主要有含湿量和相对湿度等。

含湿量是指在湿空气中,与 1kg 干空气同时并存的水蒸气量,可由式(2.17)计算:

$$d = \frac{m_q}{m_g} \tag{2.17}$$

式中,$d$ 为湿空气的含湿量,%;$m_q$ 为湿空气中水蒸气的质量,kg;$m_g$ 为湿空气中干空气的质量,kg。

然而,含湿量不能表示空气接近饱和的程度。另一种度量湿空气中水蒸气含量的间接指标是相对湿度。大气中水蒸气产生的分压力称为水蒸气分压力,空气中实际水蒸气分压力与同温度下的饱和水蒸气分压力的比值称为相对湿度。

$$\varphi = \frac{p_q}{p_{q,b}} \times 100\% \tag{2.18}$$

式中,$\varphi$ 为湿空气的相对湿度,%;$p_q$ 为湿空气中水蒸气分压力,Pa;$p_{q,b}$ 为同温度下湿空气中饱和水蒸气分压力,Pa。

由式(2.18)可知,相对湿度实际上表征的是空气中水蒸气接近饱和含量的程度。相对湿度越小,说明空气离饱和程度越远,空气越干燥,吸收水蒸气的能力也越强。

含湿量在一年中也具有明显的变化规律,图 2.10 反映了空气含湿量和相对湿度的年变化规律。通常来说,夏季的空气湿度为一年中最高,冬季空气湿度为一年中最低,这主要是因为蒸发量随温度的增加而增大。

图 2.11[23] 反映了大气含湿量、相对湿度、干球温度的日变化规律。可以看出,一天之中,湿空气的含湿量较为稳定,可视为定值;而大气的相对湿度和干球温度则有较大的变化,并且两者的变化规律正好相反。这是因为空气的相对湿度取决于空气干球温度和含湿量,即使空气的含湿量保持不变,相对湿度也会随着空气干球温度的增高而减小,反之亦然。晴天时,相对湿度的最高值出现在黎明前后,此时虽然空气中的水蒸气含量较少,但是温度最低,所以相对湿度最大;相对湿度的最低值出现在午后,此时空气中水蒸气含量虽然较多,但是温度已达到最高,所以相对湿度最低。此外,相对湿度的日变化还受地面性质、水陆分布、天气阴晴等因素的影响。一般是大陆大于海面,夏季大于冬季,晴天大于阴天。

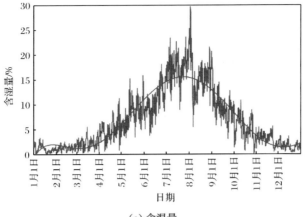

（a）含湿量

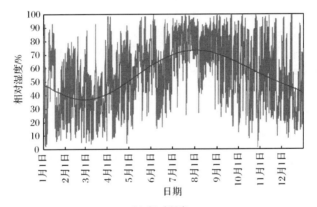

（b）相对湿度

图 2.10　空气湿度年变化规律

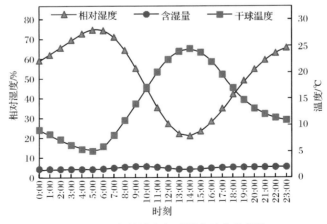

图 2.11　含湿量和相对湿度日变化规律

### 2.1.4　有效天空温度

发射辐射能是温度在热力学零度(0K)以上物体的固有特性。不论物体表面温度是否相同,只要各物体表面之间的介质具有透过辐射的性质(如真空、空气、塑料薄膜等),那么在各物体表面间就存在辐射交换传输过程。地球上的辐射交换传输过程大致可分为两种类型:太阳辐射在地球上的传输过程和地球上物体表面间的热辐射交换传输过程。

由于夜间没有太阳辐射的作用,天空的背景温度远远低于空气温度,因此,日光温室建筑围护结构包括前(后)屋面、墙体等都会向天空辐射放热,也称为夜间辐射。特别是冬季夜间,这种天空辐射作用对温室前(后)屋面的散热损失是不可忽略的。

大气层的辐射主要是由二氧化碳、水、臭氧等气体分子与尘埃、水汽所造成的,它们吸收一部分透过大气层的太阳辐射和来自地面的反射辐射,具有一定的温度,因此会向地面进行长波辐射。虽然大气层辐射并不具备黑体辐射性质,但可以采用有效天空温度来计算大气层对地球表面的投入辐射热量。

有效天空温度不仅与室外空气温度有关,还与大气的水汽含量、云量及地表温度等因素有关。同时与所在位置的海拔有关,因为海拔越高,水汽和灰尘会减少,所以有效天空温度将随之降低。

有效天空温度大致在230K(冬季晴朗的夜里)到285K(夏季多云条件)之间。文献[24]提出了根据地面附近空气与大气层的辐射热平衡关系式估算有效天空温度的方法:

$$T_{sky} = \sqrt[4]{\varepsilon_{air}} \, T_a \qquad (2.19)$$

式中,$T_{sky}$为有效天空温度,K;$T_a$为距地面1.5~2.0m处的空气温度,K;$\varepsilon_{air}$为地面附近空气的发射率,$\varepsilon_{air} = 0.741 + 0.0062 t_{ap}$,$t_{ap}$为地面附近空气的露点温度,℃。

我国也有学者[25]根据82个气象台站常年观测数据的统计分析结果,给出了一种计算有效天空温度的方法:

$$T_{sky} = \sqrt[4]{0.9 T_g^4 - (0.32 - 0.026 \sqrt{P_a})(0.30 + 0.70S) T_a^4} \qquad (2.20)$$

式中,$T_{sky}$为有效天空温度,K;$T_g$为地表温度,K;$T_a$为距地面1.5~2.0m处的空气温度,K;$P_a$为地面附近空气的水蒸气分压力,mbar($1bar = 10^5 P_a$);$S$为日照率,即全天实际日照时数与可能日照时数之比。

与室外空气温度类似,有效天空温度也具有年变化规律和日变化规律,如图2.12和图2.13[23]所示。可以看出,在一年中,夏季温度高,冬季温度低;在一天中,中午温度最高,夜晚温度最低。

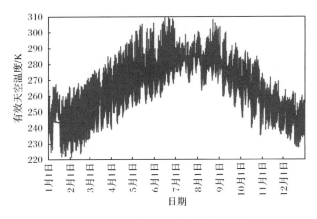

图 2.12　有效天空温度年变化规律

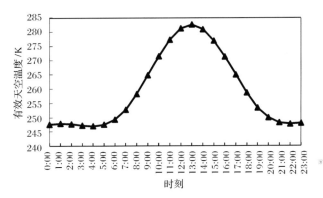

图 2.13　有效天空温度日变化规律

## 2.1.5　室外土壤温度

到达地面的太阳总辐射大部分被地面吸收,小部分被地面反射。白天,地面吸收的太阳辐射比释放的多,使地面增热,地面辐射也随之增强;夜间,没有太阳辐射,地面因释放能量而降温,地面辐射也随之减弱。

### 1. 地表温度

地球的自转和公转使得到达地表的太阳辐射呈现周期性的日变化和年变化,地面和土壤的热量收支也呈现周期性的日变化和年变化,因而地表温度也呈现周期性的日变化和年变化。如图 2.14[23] 所示,这种周期性变化特征可以用最高值、最低值和较差表征。较差是指一定周期内,最高温度与最低温度之差。温度日较差常用一日内最高温度和最低温度之差计算;温度年较差用一年中最热月平均温度和最冷月平均温度之差计算;温度绝对年较差用年极端最高气温与最低气温之差计算。

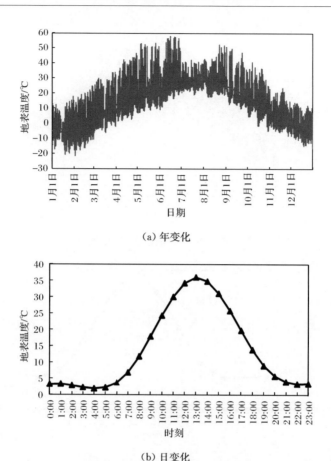

（a）年变化

（b）日变化

图 2.14　地表温度变化规律

　　一天中,地表温度最高值不是出现在太阳辐射最高时刻(正午),而是出现在午后。这主要是由于白天日出后,地表的得热量开始大于散热量,土壤不断储存热量且温度上升;到达 12:00 时,土壤储存热量大于散热量,土壤继续储存热量,温度升高;12:00 以后,太阳辐射热量开始减少,但是土壤的得热量仍大于散热量,地表温度继续上升;从下午某一时刻开始,地表得热量开始小于散热量,地表温度开始降低,通常这个时刻出现在 13:00 左右;13:00 以后,随着太阳辐射热量的不断减小,土壤得热量也降低,地表温度进一步下降。同理,在一年中,地表温度最高值不出现在太阳辐射较高的 6 月份,一般出现在 7 月或 8 月,地表温度最低值一般出现在 1 月或 2 月。

**2. 深度方向土壤温度变化规律**

　　由于土壤的蓄热作用,温度波在向土壤深度传递时,会造成温度波的衰减和时间上的延迟,随着深度的增加,温度变化的幅度越来越小,如图 2.15 所示[22]。这种以 24h 为周期的日温度波动影响深度通常只有 1.5m 左右,当深度大于 1.5m 时,衰减作用日温度波动幅度可以忽略不计。除日温度波动外,土壤表层温度还随年气温的变化而波动。年波动的影响深度比日波动大得多,具有幅度大、周期长的特点。但年波动的影响深度是有限的,当达到一定深度时,年温度波动幅值已经衰减到接近于零,在一般工程计算中可以忽略不计。通常把土壤温度趋于恒定值的土壤层称为恒温层,恒温层的深度因土壤材质的不同而变化。为了计算及叙述方便,一般以 15m 作为恒温层分界线,深度小于 15m 的土壤成为浅层土壤,大于 15m 的称为深层土壤。在浅层土壤中,不同深度的土壤温度随时间变化而变化,而深层土壤温度则认为是不随时间变化的,该温度一般比全年平均地面气温高 1～3℃[22]。

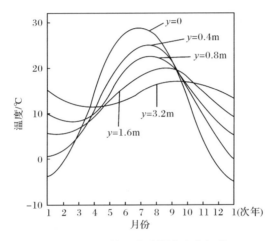

图 2.15　土壤温度随深度变化规律

### 2.1.6　我国优势种植地区气候特点

1. 东北温带区

该区域地处 42°N～48°N,112°E～134°E,包括辽宁(中北部)、吉林、黑龙江(中南部)、内蒙古自治区(东部)四省区。可分为三个亚区:①东部温带亚区(42°N～44°N,112°E～131°E),包括辽宁中北部、吉林东南部、内蒙古自治区东南部等;②东北冷温带亚区(44°N～46°N,117°E～132°E),包括黑龙江南部、吉林西北部、内蒙古自治区东中部等;③东北寒温带亚区(46°N～48°N,115°E～134°E),包括黑龙江中部、内蒙古自治区东北部等。

该区域的气候特点是无霜期有 120～155d;光资源充足,年日照时数 2500～3000h,年日照率 56%～70%;热资源丰富,年太阳总辐射 4800～5800MJ/m²;年平均气温 1~8℃,1 月平均气温−20~10℃,极端最低气温−41.4~−26.4℃,极端最高气温 35.7~42.8℃;降水量 350~800mm,4~9 月份占 80%。属次大风压区(最大风速 20~23m/s)和大雪压区(最大积雪深度 0.1~0.5m)。主要气象灾害为干旱、风害、雪害、夏季高温高湿等。该区域光热资源状况见表 2.4[26]。

表 2.4　东北温带区光热资源状况

| 区域 | 无霜期 /d | 全年日照 时数/h | 年日照率 /% | 冬季日照 率/% | 年太阳总辐射 /(MJ/m²) | 年平均 气温/℃ | 极端最低 气温/℃ | 极端最高 气温/℃ |
|---|---|---|---|---|---|---|---|---|
| 东部 温带亚区 | 140~155 | 2500~ 3000 | 56~70 | 56~80 | 5000~5800 | 5~8 | −36.0~ −26.4 | 35.7~ 42.8 |
| 东北冷温 带亚区 | 130~140 | 2500~ 3000 | 58~70 | 65~82 | 4800~5400 | 3~5 | −41.4~ −36.0 | 35.9~ 41.0 |
| 东北寒温 带亚区 | 120~130 | 2600~ 2850 | 59~64 | 60~68 | 4800~5000 | 1~3 | −39.0~ −34.0 | 38.1~ 41.6 |

### 2. 黄淮海与环渤海暖温区

该区域地处 32°N~42°N,112°E~126°E,包括辽宁(东西南部)、北京、天津、内蒙古自治区(赤峰和乌兰察布地区)、山西、河北、山东、河南、安徽(中北部)、江苏(中北部)等十省区市。可分为三个亚区:①环渤海温带亚区(38°N~42°N,112°E~126°E),包括辽宁东西南部、北京、天津、河北中北部和内蒙古自治区赤峰及乌兰察布等;②黄河中下游流域暖温带亚区(35°N~38°N,112°E~122°E),包括山西、河北南部、山东、河南北部等;③淮河流域暖温带亚区(32°N~35°N,112°E~120°E),包括河南中南部、安徽中北部、江苏中北部等。

该区域的气候特点是无霜期有 155~220d;光资源丰富,多数地区年日照时数 1500~2800h,部分地区最低年日照时数 1550h;热资源充足,全年太阳总辐射 3169~6069MJ/m²;年平均气温 8~15℃,1 月平均气温−10~2℃,极端最低气温 −35~−11℃,极端最高气温 33.7~44℃。其中,环渤海温带亚区 1 月平均气温 −10~−7℃,7 月平均气温 22~24℃,0℃以上有 220~260d(3 月中下旬~10 月中下旬或 11 月中旬),10℃以上积温 2500~3500d·℃,日平均温度≤10℃有 180 天以上;黄河中下游流域暖温带亚区 1 月平均气温−10~0℃,7 月平均气温 21~28℃,0℃以上有 220~310d(2 月中旬或 3 月中下旬~11 月中旬或 12 月中旬),日平均温度≥10℃的积温 3000~4500d·℃,日平均温度≤10℃有近 170 天;淮河流域暖温带亚区 1 月平均气温 0~2℃,7 月平均气温 27℃,25℃以上有 57~81d,0℃以上的期间为 2 月上中旬~12 月中旬或 1 月上旬,日平均温度≥10℃的积温 4390~5627d·℃;降水量 400~1200mm,4~9 月份占 90%。该区域属次大风压区(最大风速 22~24m/s)和次大雪压区(最大积雪深度 0.2~0.5m)。主要气象灾害为干旱、风害、低温冷害、夏季高温高湿等。该区域光热资源状况见表 2.5[26]。

表 2.5　黄淮海与环渤海暖温区光热资源状况

| 区域 | 无霜期/d | 全年日照时数/h | 年日照率/% | 冬季日照率/% | 年太阳总辐射/(MJ/m²) | 年平均气温/℃ | 极端最低气温/℃ | 极端最高气温/℃ |
|---|---|---|---|---|---|---|---|---|
| 环渤海温带亚区 | 155~180 | 2400~2800 | 51~74 | 60~70 | 4800~5200 | 8~12 | −35.0~−28.6 | 33.7~43.3 |
| 黄河中下游流域暖温带亚区 | 180~200 | 1800~2800 | 50~60 | 45~70 | 3169~6069 | 12~14 | −33.6~−14.9 | 36.4~44.0 |
| 淮河流域暖温带亚区 | 200~220 | 1550~2500 | 35~56 | 42 | 4800~5200 | 14~15 | −18.0~−11.0 | 38.5~41.3 |

### 3. 西北温带干旱及青藏高寒区

该区域包括新疆维吾尔自治区、甘肃、宁夏回族自治区、陕西、青海、西藏自治区、内蒙古自治区(中西部)等七省区。可分为三个亚区:①青藏高寒亚区(27°N~38°N,90°E~103°E),包括西藏自治区东中部、青海东中部等;②新疆冷温带干旱亚区(27°N~38°N,90°E~103°E),包括新疆维吾尔自治区等;③陕甘宁蒙温带半干旱亚区(35°N~43°N,95°E~110°E),包括甘肃、宁夏回族自治区、陕西、内蒙古自治区中西部等。

该区域南北跨度较大,地形复杂,气候变化大。无霜期有 50~260d;光资源丰富,年日照时数 2000~3500h,年日照率 48%~80%;热资源充足,全年太阳总辐射 4200~8400MJ/m²;年平均气温 5~14℃,降水量 30~590mm。该区域属次大风压区和局部大雪压区(最大积雪深度 0.5m 以上)。其中,青藏高寒亚区为高原寒冷区;新疆冷温带干旱亚区太阳能丰富,属次大风压区和大雪压及次大雪压区;陕甘宁蒙温带半干旱亚区的大部分地区太阳能丰富,属次大风压区和低雪压区。主要气象灾害为干旱、风害、沙暴、低温冷害、冰雹、夏季高温、暴雨等。该区域光热资源状况见表 2.6[24]。

表 2.6　西北温带干旱及青藏高寒区光热资源状况

| 区域 | 无霜期/d | 全年日照时数/h | 年日照率/% | 冬季日照率/% | 年太阳总辐射/(MJ/m²) | 年平均气温/℃ | 极端最低气温/℃ | 极端最高气温/℃ |
|---|---|---|---|---|---|---|---|---|
| 青藏高寒亚区 | 50~90 | 2500~3200 | 58~80 | 40~90 | 8160 | 5.0~8.0 | −9.0~9.0 | 16~26 |

| 区域 | 无霜期/d | 全年日照时数/h | 年日照率/% | 冬季日照率/% | 年太阳总辐射/(MJ/m²) | 年平均气温/℃ | 极端最低气温/℃ | 极端最高气温/℃ |
|---|---|---|---|---|---|---|---|---|
| 新疆冷温带干旱亚区 | 100～240 | 2550～3500 | 60～80 | 68～92 | 5000～6400 | 5.7～13.9 | −18.0～−4.0 | 16～33 |
| 陕甘宁蒙温带半干旱亚区 | 130～260 | 2000～3100 | 48～75 | 55～75 | 4200～8400 | 6.7～14.0 | −9.0～−0.5 | 18～27 |

## 2.2　日光温室建筑光热湿环境

温度和光照时间都是对蔬菜作物发育和生长过程起重要作用的关键影响因素。通常情况下,温度对作物发育起主导作用,温度越高,蔬菜作物生长发育越快;光照时间的长短对蔬菜作物的影响取决于作物本身的感光性。也可以说,日光温室的重要作用之一是营造满足蔬菜作物发育和生长过程所需的光热环境。

### 2.2.1　温度的生物学与意义

温度是表征物体冷热程度的物理量,是作物生命活动不可缺少的环境条件之一,也是评价环境热量供应条件的主要指标。在设施农业上,需要了解的温度主要有空气温度、土壤温度、水温、蔬菜作物体温等。温度对蔬菜作物的影响可分为直接影响和间接影响。直接影响表现为对生物新陈代谢的影响,包括影响生物的生长发育速度、数量和分布;间接影响是指温度影响环境因素,从而间接影响生物体的新陈代谢。

#### 1. 温度与光合作用

光合作用是作物有机物产生的主要途径,而温度直接影响光合作用的效果。蔬菜作物光合作用存在一个温度界限,即最高温度和最低温度,也存在一个最适温度。一般来说,多数蔬菜作物单叶光合作用的短时间最低温度为 0～8℃、最高温度为 35～50℃。实际生产中,蔬菜作物光合作用的长时间最低限温度一般为 5～10℃、最高限温度一般为 30～45℃。最适温度因蔬菜作物种类、品种不同而不同,一般喜温果菜类蔬菜的最适温度较高,而耐寒类则较低。

温度也是蔬菜作物光合作用产物运转的有效影响因子。一般蔬菜作物光合物质运转所需温度高于生长发育所需温度,多数蔬菜作物以 25～35℃为宜,温度低于 15℃时,光合物质运转就非常缓慢。

2. 温度与生长发育

　　苗期的环境温度不仅对果菜类蔬菜幼苗生长发育有重要影响,而且对定植后果实膨大和产量也有较大影响。果菜类蔬菜苗期环境对果实膨大及产量的影响,主要是苗期环境对植株开花前子房细胞分裂的影响。多数果菜类蔬菜在 1～2 片真叶展开时开始花芽分化,到定植时已经分化出许多花芽。因此,苗期环境会对植株的早期果实发育产生很大影响,进而影响产量。试验表明,苗期高温会使茄果类蔬菜幼苗徒长,花芽分化节位提高,花的质量降低,花较小,从而导致单果重减小,产量降低;而苗期低温会使茄果类蔬菜幼苗花芽分化节位降低,子房和花重增大,单果重和产量提高,但生长缓慢,开花时间延迟,成熟期延后,同时也会造成花的畸形,从而导致果实畸形,果实商品率降低。

　　定植后环境温度影响果菜类蔬菜植株生长发育主要是三种情况:一是影响植株开花后子房细胞膨大,进而影响果实膨大;二是影响已分化花芽的子房细胞分裂和膨大,进而影响果实膨大;三是影响未分化花芽的分化、子房细胞分裂和膨大,进而影响果实膨大。温度对果实膨大的影响会导致果实产量和品质受影响。试验表明,无论夜间高温还是昼间高温,都会使番茄果实早期膨大速度加快,成熟期提前,成熟果实减小;而昼间和夜间低温,则会使果实早期膨大速度减缓,成熟期延后,成熟果实增大。另外,根据不同温度条件下番茄果实成熟天数计算出的积温看,中熟番茄品种从开花到果实成熟所需积温为 $(1000\pm50)$ ℃。根据这一结果,日平均温度提高 1℃,番茄果实成熟期可以提前 3 天左右;日平均温度降低1℃,番茄果实成熟期可以延后 3 天左右。

## 2.2.2　作物对光照的需求

　　能被作物吸收用于光合作用、色素合成、光周期现象和其他生理现象的太阳辐射波谱区称为生理辐射。在这个波谱区内,量子能量使叶绿分子呈激发状态,并将自身能量消耗在形成有机化合物上,也称这段波谱为光合有效辐射。光合有效辐射波长为 380～710nm,主要为可见光成分,约占太阳辐射能量的 50%。到达地面的太阳总辐射中,虽然直接辐射比散射辐射强,但直接辐射中的光合有效辐射量仅占 37%,而散射辐射中的光合有效辐射量占 50%～60%,所以太阳散射辐射更容易被作物吸收利用[2]。

1. 光的性质与度量

1) 基本光度单位

　　光环境的设计和评价离不开定量的分析与说明,这就需要借助一系列的物理光度量来描述光源和光环境的特征。常用的光度量有光通量和照度[22]。

　　(1)光通量($W$)。辐射体单位时间内以电磁辐射的形式向外辐射的能量称为辐射功率或辐射通量。按照国际约定的人眼视觉特性评价指标,光源的辐射通量中可被人眼感觉的可见光能量换算为光通量,其单位为流明(lm)。

　　人眼对不同波长单色光的视亮度感受性不一样,这是光在视觉上反映的一个特征。光亮的环境内,在辐射功能相等的单色光中,人眼感觉波长555nm的黄绿光最明亮,并且明亮程度向波长短的紫光和波长长的红光方向递减。国际照明委员会(Commission Internationale de L′Eclairage,CIE)根据大量的试验结果,把555nm定义为同等辐射通量条件下,视亮度最高的单色波长,用$\lambda_m$表示。将波长为$\lambda_m$的辐射通量与视亮度感觉相等的波长为$\lambda$的辐射通量的比值,定义为波长$\lambda$单色光的光谱光视觉率(也称视见函数),以$V(\lambda)$表示。也就是说,波长555nm的黄绿光$V(\lambda)=1$,其他波长的单色光$V(\lambda)$均小于1(见图2.16),这就是明视觉光谱光视效率。在较暗的环境中[适应亮度＜0.03cd/m²(发光强度)],人的视亮度感受性发生变化,对$\lambda=510$nm的蓝绿光最为敏感,按照这种特定光环境条件确定的$V(\lambda)$函数称为暗视觉光谱光视效率,如图2.16[22]所示。

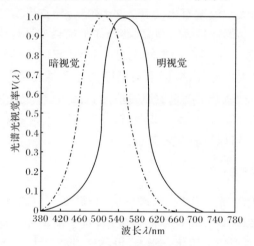

图2.16　单色光谱视效率

　　光视效能$K(\lambda)$是描述光能和辐射能之间关系的量,是与单位辐射通量相当的光通量,最大值$K_m$在$\lambda=555$nm处。根据一些国家权威实验室的测量结果,1977年,国际计量委员会决定采用$K_m=683$lm/W,也就是波长555nm的光源,其发射出的1W辐射能折合成光通量为681lm。

　　根据这一定义,如果有一光源,其各波长的单色辐射通量为$\Phi_e$,则该光源的光通量为

$$\Phi = K_m \int \Phi_{e,\lambda} V(\lambda) \mathrm{d}\lambda \tag{2.21}$$

式中，$\Phi$ 为光通量，lm；$\Phi_{e,\lambda}$ 为波长为 $\lambda$ 的单色辐射能通量；$V(\lambda)$ 为 CIE 标准光度观测者明视觉光谱光视效率；$K_m$ 为最大光谱光视效能，取 683lm/W。

在照明工程中，光通量是描述光源发光能力的基本量，例如，一只 40W 的白炽灯发出的光通量为 370lm，而一只耗电 40W 的荧光灯发射的光通量为 2800lm，是白炽灯的七倍多，这是由它们的光谱分布特性决定的。

(2)照度($E$)。照度是受照平面上接收的光通量的面密度，单位是勒克斯(lx)。若照射到表面一点面元上的光通量为 $\Phi$，则该面元的照度为

$$E = \frac{\mathrm{d}\Phi}{\mathrm{d}A} \qquad (2.22)$$

1lm 的光通量均匀分布在 $1m^2$ 表面上所产生的照度，即 $1lx = 1lm/m^2$，勒克斯是一个较小的单位。例如，夏季晴天中午太阳光下的地平面的照度可达 $10^5lx$；40W 白炽灯台灯下的桌面照度平均为 $200\sim300lx$；而月光下的照度只有几勒克斯。

(3)发光强度($I$)。点光源在给定方向的发光强度，是光源在这一方向上单位立体角元内发射的光通量，单位为坎德拉(cd)，表达式为

$$I = \frac{\mathrm{d}\Phi}{\mathrm{d}\Omega} \qquad (2.23)$$

式中，$\Omega$ 为立体角，sr。

以任一锥体顶点为球心，任意长度 $r$ 为半径作一球面，被锥体截取的一部分球面面积为 $S$，则此锥体限定的立体角 $\Omega$ 为

$$\Omega = \frac{S}{r^2} \qquad (2.24)$$

立体角的单位是球面度(sr)，因为球的表面积为 $4\pi r^2$，所以立体角的最大数值为 $4\pi$sr。

发光强度常用于说明光源和照明灯具发出的光通量在空间各方向或在选定方向上的分布密度。例如，一只 40W 白炽灯发出 370lm 的光通量，它的平均发光强度为 $370/4\pi \approx 29.4$cd。如果在裸灯泡上装一盏白色搪瓷平盘罩灯，则灯下方发光强度能提高到 $80\sim100$cd，如果配上一个合适的镜面反射罩，则灯下方的发光强度可以高达数百坎德拉。在这两种情况下，灯泡发出的光通量并没有变化，只是光通量在空间的分布更为集中了。

2) 光的反射与透射

人眼借助材料表面反射的光或材料本身透过的光，才能看见周围环境中的人和物，也就是说，光环境就是由各种反射与透射光的材料构成的。

辐射由一个表面返回，组成辐射的单色分量的频率没有变化，这种现象称为反射。光线通过介质，组成光线的单色分量频率不变，这种现象称为透射。

光在传播过程中遇到新的介质时会发生反射、透射与吸收现象：一部分光通量被介质表面反射，一部分通过介质，余下的一部分被介质吸收，如图 2.17 所示。

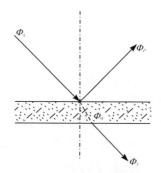

图 2.17　光通量的反射、透射与吸收

根据能量守恒定律,入射光通量应等于上述三部分光通量之和:
$$\Phi_i = \Phi_\rho + \Phi_\tau + \Phi_\alpha \tag{2.25}$$

将反射、吸收与透射光通量与入射光通量之比分别定义为光反射比 $\rho$、光吸收比 $\alpha$ 和光透射比 $\tau$,则有
$$\rho + \tau + \alpha = 1 \tag{2.26}$$

光线经过介质反射和透射后,它的分布变化取决于材料表面的光滑程度、材料内部的分子结构及其厚度。

透射比为零的材料是非透光材料,而玻璃、晶体、某些塑料、纺织品、水等都是透光材料,能透过大部分入射光。材料的透光性能还与它的厚度密切相关。例如,非常厚的玻璃或水可能是不透光的,而一张极薄的金属膜或许是透光的,至少可以是半透光的。对不同材料的光学性质有所了解,就可以在光环境设计中正确运用每种材料的不同控光性能,获得预期的环境控制效果。

2. **塑料薄膜不同光质透过率**

光是以电磁波形式传播辐射能。电磁辐射的波长范围很广,只有波长为 380～760nm 的辐射才能引起光视觉,称为可见光(简称光);对于波长短于 380nm 的紫外线、X 射线、$\gamma$ 射线、宇宙线等以及波长大于 760nm 的红外线、无线电波等,由于它们与光的性质不同,人眼是看不见的,如图 2.18[22]所示。

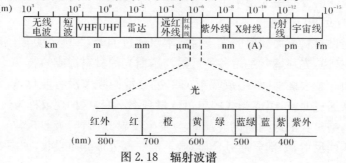

图 2.18　辐射波谱

不同波长的光在视觉上形成不同的颜色。例如,700nm 的光呈红色,580nm 的光呈黄色,470nm 的光呈蓝色。单一波长的光呈现一种颜色,称为单色光。日光和灯光都是由不同波长的光混合而成的复合光,它们呈白色或其他颜色。将复合光中各种波长辐射的相对功率量值按对应波长排列连接起来,就形成该复合光的光谱功能分布曲线,它是光源的一个重要物理参数。光源的光谱组成不仅影响光源的表观颜色,而且决定被照物体的显色效果。

太阳辐射光谱的波长主要集中在 200~1000nm,其中,400~700nm 波长的光合有效辐射约占 50%,这部分辐射属于可见光范围,是植物进行光合作用的能量来源。此外,对植物生长发育有影响的部分辐射波段为 300~400nm 或 700~800nm 基本上不属于可见光。而温室覆盖材料对不同波长的辐射有选择性,对不同波长的光线透过率不同[2]。对于可见光和波长为 3μm 以下的近红外线来说几乎是透明的,但能够有效阻隔长波红外线辐射。

1) 塑料薄膜紫外光透过率

日光温室内紫外光透过率主要受覆盖材料的紫外光透过特性的影响。据测定,一般的聚乙烯(PE)膜可透过 245nm 以上的紫外光,265nm 紫外光透过率达 30%,270~380nm 紫外光区可透过 80%~90%;聚氯乙烯(PVC)膜一般不能透过 320nm 以下的紫外光,360nm 紫外光透过率低于 15%,380nm 紫外光透过率可达 58%;EVA 膜紫外光透过率介于 PE 膜和 PVC 膜之间,可透过 240nm 以上的紫外光,但 270nm 以上紫外光透过率低于 PE 膜。PVC 膜(A 膜)、PE 膜(B 膜)、乙酸乙烯(EVA)膜(C、D 膜)的试测结果如图 2.19[2]所示。

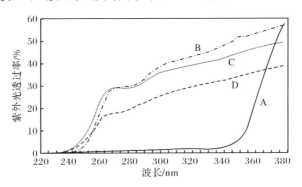

图 2.19　不同材质塑料薄膜紫外光透过图谱
A. PVC 膜；B. PE 膜；C、D. EVA 膜

2) 塑料薄膜可见光分光透过率

通常认为 PVC 膜、PE 膜、EVA 膜的可见光透过率多在 85% 以上,但实际上不同塑料薄膜在可见光区的分光透过率是有一定差异的。对具有保温耐老化多

功能的 PVC 膜、PE 膜、EVA 膜进行试验，测试结果显示，在 400～760nm 的可见光区，PE 膜和 EVA 膜透光率随着波长的增大逐渐提高，但提高幅度较小；PVC膜透光率随波长增加的变化起伏比较大，在 450～550nm 区段出现高峰，在 600nm出现低谷，而后透光率又提高，PVC 膜的这种透光率正适合作物的光合作用（见图 2.20[2]）。

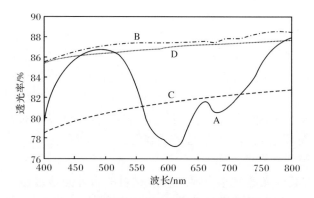

图 2.20　不同材质塑料薄膜可见光透过图谱
A. PVC 膜；B. PE 膜；C、D. EVA 膜

根据不同塑料薄膜可见光的透过图谱曲线，可分析出蓝光（400～500nm）、黄绿光（500～600nm）、红光（600～700nm）及远红光（700～800nm）占总光合有效辐射区的透过率面积，可以看出不同塑料薄膜的分光区透过能力是不均匀的，在蓝光区 PVC 膜透过能力最高，达到 0.278，PE 膜和 EVA 膜透过能力较低，EVA 膜透过能力最低，仅为 0.206；在黄绿光区，PE 膜透过能力最高，达到 0.268，PVC 膜和 EVA 膜分别为 0.216 和 0.220（见图 2.21[2]）。

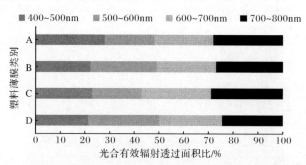

图 2.21　不同材质塑料薄膜在光合有效辐射波段不同光质的透过面积比
A. PVC 膜；B. PE 膜；C、D. EVA 膜

3) 塑料薄膜红外光分光透过率
太阳辐射中约 50% 为可见光和紫外光的短波辐射，50% 左右为红外光的长波

辐射。特别是太阳辐射进入日光温室后,被其内部的土壤、墙壁、骨架、作物等吸收后,转化为长波辐射向外放出。这些长波辐射进入和放出的多少,取决于覆盖材料。尽管目前使用的多数覆盖材料不易透过长波辐射,但塑料薄膜不同,透过长波辐射的能力还是有些区别的。夜间,长波辐射能量的 90% 集中在 $7\sim20\,\mu m$ 波长,此波段光谱透过多少是衡量塑料薄膜材料夜间保温能力的重要指标。上述三种不同类型的塑料薄膜的红外光透过率,以 PVC 膜最小、PE 膜次之、EVA 膜最大。

### 3. 辐射对温室的热作用

日光温室的热量主要来源于太阳能,温室内接收太阳辐射的多少及均匀程度直接影响温度高低及分布。通过前屋面进入的短波辐射,一部分照射在蔬菜作物上,被其吸收,以维持生命活动;一部分照射在地面上,其中一部分被地面吸收,使地面温度升高,另一部分被地面反射,经过前屋面透射出去,还有一部分照射在墙体表面,使表面温度升高,温度升高后的墙体内表面,一方面与温室内空气对流换热,使温室环境温度升高,同时也通过导热方式向墙体外表面散热,进一步通过对流及辐射传热方式向外界散热。

辐射对作物的作用主要包括热效应、光合效应和光形态发生效应[1]。

#### 1) 热效应

被作物吸收的太阳辐射中,70% 以上转化为热能,用于蔬菜作物蒸腾以及与周围环境进行的热量交换传输过程,这些过程决定了叶片与其他作物器官的温度,也影响蔬菜作物周围环境的温度,包括空气温度和土壤温度等。

#### 2) 光合效应

被蔬菜作物吸收的太阳辐射中,28% 用于光合作用,以化学能的形式储存在高级有机化合物中。这部分能量转化对人类贡献最大,是形成作物生产力——食物链第一级的基本因素,而且现代人类使用的主要能源——煤、石油、天然气等,也是古代植物的光合产物。然而,在最理想(实验室)条件下,被叶绿素吸收的太阳辐射能中最多只有 25% 左右可转化为化学能储存下来;在自然条件或农田生产中,比较好的情况仅能达到 1% 左右。

#### 3) 光形态发生效应

在蔬菜作物生长发育过程中,太阳辐射还起着某种重要的调节和控制作用。辐射的光形态发生效应的光谱区为紫外光到接近 750nm 的近红外波段,不同波段辐射所起的作用不同。这些作用不仅与光谱性质和所含能量有关,而且与时间上的辐射周期变化有关,例如,昼夜时间周期性的交替,光照与黑暗各自持续时间长短。

太阳辐射($0.35\sim3\,\mu m$)是作物光合作用过程中的唯一能源,是大气与作物相互作用的主要能量来源。不同波段辐射对蔬菜作物生命活动影响的重要性见表 2.7[2]。

**表 2.7　不同波段辐射对作物生命活动影响的重要性**

| 辐射种类 | 光谱区/μm | 占太阳辐射能的百分率/% | 辐射对作物生命的效应 | | |
|---|---|---|---|---|---|
| | | | 热力的 | 光合作用的 | 光形态发生 |
| 紫外光 | 0.29~0.38 | 0~4 | 不重要 | 不重要 | 中等 |
| 光和有效辐射 | 0.38~0.71 | 21~46 | 重要 | 重要 | 重要 |
| 近红外辐射 | 0.71~3.00 | 50~79 | 重要 | 不重要 | 重要 |
| 长波辐射 | 3.00~100 | — | 重要 | 不重要 | 不重要 |

4. 光照与蔬菜作物对光照的基本要求

光照度对蔬菜作物生长发育有较大影响,但不同蔬菜作物适应光照度的能力不同。结合各种蔬菜作物光饱和点,通常将其分为强光型、中光型和弱光型三类[2]。所谓蔬菜作物光饱和点,是指在其他环境适宜条件下蔬菜作物光合速率最高时的光照度。

蔬菜作物开花结实必须经过一定的光照时间和黑暗时间的交替。依据作物对光周期的反应,可分为长日作物、短日作物和中光性作物。

蔬菜作物光周期依蔬菜作物种类和品种不同而异,表 2.8[2] 为主要蔬菜作物光周期反应类型。

**表 2.8　主要蔬菜作物光周期反应类型**

| 光周期反应类型 | 蔬菜作物 |
|---|---|
| 长日植物 | 白菜类、甘蓝类、葱蒜类、萝卜、胡萝卜、芹菜、菠菜、莴苣、蚕豆、豌豆等 |
| 短日植物 | 大豆、豇豆、扁豆、茼蒿、苋菜、蕹菜等 |
| 中光性植物 | 茄果类、瓜类、菜豆等 |

日长除了对作物光周期有重要作用,还对作物光合作用和生长具有重要影响,但并不是光照时间越长蔬菜作物生长发育越好,各种蔬菜作物需要的日照长度除与本身种类和品种特性有关外,还与光照度、温度、水分以及 $CO_2$ 浓度等环境因素有关。作物需要将光合产物在一昼夜迅速地从叶片中运出并转化,避免在植株叶片中大量积累,否则叶片中大量积累光合产物,会降低次日光合速率,久而久之,就会使叶片快速衰老,影响蔬菜作物生长发育。一般蔬菜作物适宜生长的日照长度为 8~16h,多数蔬菜作物最适日照长度为 12~14h。

## 2.2.3　日光温室内空气温度

蔬菜作物的生命活动都需要在一定的温度范围内才能进行。蔬菜作物的每一个生命活动都有其最高温度、最低温度和最适温度,称为三基点温度。其中,生长发育的最低温度又称生物学零度。

作物种类、品种和生育阶段不同,其生长发育需要的适宜温度也不同。对大多数蔬菜作物来说,生命活动的基本温度范围比较宽,能够生存的温度一般为−10~50℃;而生长阶段的温度为 5~40℃;发育阶段对温度的要求最为严格,能适应的温度范围最窄,一般为 20~30℃。

温度过高,光合作用制造的有机物减少,当呼吸作用的消耗大于光合作用时,对作物是不利的。

另外,周期性变温对作物有机质的积累具有重要意义。在白天,作物的光合作用和呼吸作用同时进行,在夜间只有呼吸作用进行。空气温度的日变化幅度大,有利于作物有机体的营养物质积累;反之亦然。即白天空气温度高,光照充足,光合作用强,作物制造的有机物质多;夜间空气温度度低,光合作用弱,消耗的有机物质少,作物有机体积累的营养物质多。表 2.9 列出了日光温室主要蔬菜作物不同生育阶段的适宜温度[2]。

表 2.9　日光温室主要蔬菜作物不同生育阶段的适宜温度　　（单位:℃）

| 种类 | 种子发芽温度 | | | 营养生长温度 | | | 食用器官生育温度 | | |
| --- | --- | --- | --- | --- | --- | --- | --- | --- | --- |
| | 最低 | 最适 | 最高 | 最低 | 最适 | 最高 | 最低 | 最适 | 最高 |
| 大葱 | 3~5 | 18~20 | 30 | 6~10 | 18~24 | 30 | 6~8 | 18~24 | 30 |
| 韭菜 | 2~3 | 15~18 | 30 | 6 | 12~24 | 40 | 6 | 12~24 | 35 |
| 菠菜 | 4 | 15~20 | 35 | 6~8 | 15~20 | 25 | 6~8 | 15~20 | 25 |
| 甘蓝 | 2~3 | 15~20 | 35 | 4~5 | 13~18 | 25 | 5~10 | 15~20 | 25 |
| 花椰菜 | 2~3 | 15~25 | 35 | 4~5 | 17~20 | 25 | 6~10 | 15~18 | 25 |
| 芹菜 | 4 | 15~25 | 30 | 10 | 15~20 | 30 | 10 | 15~20 | 26 |
| 莴苣 | 4 | 15~20 | 25 | 5~10 | 11~18 | 24 | — | 17~20 | 21 |
| 茼蒿 | 10 | 15~20 | 35 | 12 | 15~20 | 29 | — | 15~20 | — |
| 甜菜 | 4~6 | 20~25 | 30 | 4 | 15~18 | 25 | 9 | 20~25 | 30 |
| 番茄 | 12 | 25~30 | 35 | 8~10 | 20~25 | 30 | 15 | 25~28 | 32 |
| 茄子 | 13~15 | 28~35 | 35 | 12~15 | 22~30 | 35 | 15~17 | 22~30 | 35 |
| 辣椒 | 10~15 | 25~32 | 35 | 12~15 | 22~28 | 35 | 15 | 22~28 | 35 |
| 黄瓜 | 12~13 | 25~30 | 35 | 10~12 | 20~25 | 35~40 | 18~21 | 25~30 | 38 |
| 菜豆 | 10 | 20~25 | 35 | 10 | 18~24 | 35 | 15 | 20~25 | 30 |
| 西葫芦 | 13 | 25~30 | 35 | 14 | 15~25 | 40 | 15 | 22~25 | 32 |
| 西瓜 | 16~17 | 28~30 | 38 | 10 | 22~28 | 40 | 20 | 30~35 | 40 |
| 甜瓜 | 15 | 30 | 35 | 13 | 20~30 | 40 | 15~18 | 27~30 | 38 |
| 丝瓜 | 15 | 30~35 | 40 | 13~15 | 20~30 | 40 | — | 25~35 | — |
| 苦瓜 | 15 | 30~35 | 40 | 10~15 | 20~30 | 40 | 15 | 20~30 | — |

### 2.2.4　日光温室内空气湿度

相对湿度实际上是表示空气中水蒸气含量接近饱和的程度,是日常生活和科学研究最常用的表示空气湿度的方法。通常,随着空气温度升高,地面蒸发进入大气的水蒸气量增多,水蒸气分压力增大。白天,相对湿度随着空气温度的升高而降低;夜间,相对湿度随着空气温度的降低而增大。相对湿度的日变化与空气温度的日变化正好相反,即一天中相对湿度最高值出现在日出前后空气温度最低的时候,而最低值则出现在 14:00~15:00 空气温度最高的时候。相对湿度的年变化与空气温度的年变化也相反,即夏季最小,冬季最大。

大气中的水分含量变化范围按容积百分比计算为 0~4%,但在常温常压下,经常不断地发生相态变化。由水转变为水汽的物理过程称为蒸发;由冰直接转变为水汽的物理过程称为升华。通常人们将两者都称为蒸发。

作物体通过气孔蒸发水分的生物物理过程称为蒸腾。空气湿度会影响作物的蒸腾作用及作物的水分吸收和养分吸收,从而间接影响作物的体内代谢;同时通过影响叶片的气孔导度和 $CO_2$ 的同化作用,影响作物的生长发育和产量。

作物由蒸腾而散失的水分相当多。由根系进入作物体的水分只有 1% 保留在作物体内,用于参与生理过程,余下 99% 的水分则通过蒸腾而被消耗。不同蔬菜作物对空气相对湿度的要求不同,蔬菜作物的不同种类以及同一种类的不同生物时期对空气相对湿度的要求也不同,表 2.10 列出了日光温室主要蔬菜作物的适宜空气相对湿度[2,27]。

**表 2.10　日光温室主要蔬菜作物的适宜空气相对湿度**

| 种类 | 空气相对湿度 / % |
|---|---|
| 黄瓜、芹菜、蒜黄、油菜、韭菜、菠菜 | 80~85 |
| 茄子、莴苣、豌豆苗 | 70~75 |
| 辣椒、番茄、菜豆、西葫芦、豇豆 | 60~65 |
| 西瓜、甜瓜 | 50 |

### 2.2.5　土壤温度

土壤温度是作物生命活动的重要因子之一。土壤温度对蔬菜作物种子发芽、幼苗生长、根系发育和活动具有非常重要的意义。只有当土壤具有一定热量时,种子才能发芽,根系才能开始生长,幼苗才能出土。土壤温度适宜时,根才能较好地吸收土壤中的水分并溶解水中的营养物质,使作物健康生长。当土壤温度低于或高于蔬菜作物生长可忍受的最低极限或最高极限时,作物生长发育就会受到抑制或阻碍,甚至死亡。许多蔬菜作物只有当土壤温度高于 5℃时才开始生长;而当土壤温度为 5~9℃时,蔬菜作物虽然可以正常生长,但土壤中的硝化细菌的数量和活动非常微弱,给作物提供的氮素很少。另外,土壤温度与蔬菜作物病虫害的发生发展关系非常密切。果菜类蔬菜作物所需要的最适土壤温度大多在 15～20℃,最高界限大多在 25℃,最低界限大多在 13℃。表 2.11 列出了日光温室主要蔬菜作物的适宜土壤温度[2,27]。

**表 2.11　日光温室主要蔬菜作物的适宜土壤温度**　　（单位:℃）

| 种类 | 最低 | 最适 | 最高 | 种类 | 最低 | 最适 | 最高 |
|---|---|---|---|---|---|---|---|
| 大葱 | 3～5 | 15～18 | 23 | 韭菜 | 3～5 | 15～18 | 23 |
| 甘蓝 | 5～8 | 15～20 | 23 | 芹菜 | 5～8 | 15～20 | 23 |
| 莴苣 | 5～8 | 15～20 | 23 | 茼蒿 | 5～8 | 15～20 | 23 |
| 甜菜 | 5～8 | 15～20 | 23 | 番茄 | 13 | 15～18 | 25 |
| 茄子 | 13 | 18～20 | 25 | 辣椒 | 13 | 18～20 | 25 |
| 黄瓜 | 13 | 18～20 | 25 | 菜豆 | 13 | 18～20 | 25 |
| 西葫芦 | 13 | 15～20 | 25 | 西瓜 | 13 | 18～20 | 25 |
| 甜瓜 | 13 | 15～18 | 25 | 草莓 | 13 | 15～18 | 25 |

　　日光温室内土壤温度同样也会出现周期性的日变化和年变化。土壤温度变化虽与土壤热量收支直接相关,但由于土壤表面将热量传递给空气需要一定时间,土壤温度的日变化规律与空气温度的日变化规律并不一定相同;另外,与土壤温度的日变化相比较,浅层土壤温度在一天内虽也呈连续性变化,但越向深层这种变化越小,至一定深度后土壤温度日较差趋于零,该深度称为土壤温度日不变层深度。一般农田土壤日不变层深度为 400～800mm,平均为 600mm,具体深度随地理纬度、季节和土壤热特性变化。白天土壤表面吸热多的地区和季节,向下传递的热量多,日变化消失层深。通常,低纬度地区的夏季土壤温度不变层深度比高纬度地区的冬季深。图 2.22 为北京地区冬季日光温室内土壤温度日变化规律。

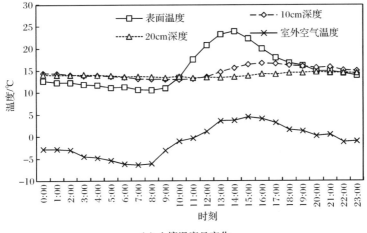

（a）土壤温度日变化

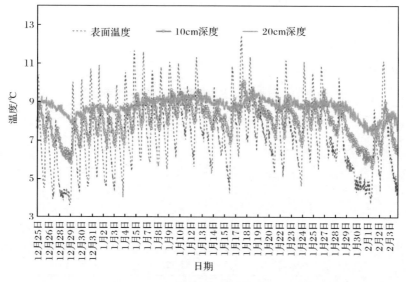

（b）土壤温度冬季变化

图 2.22　北京地区冬季日光温室内土壤温度变化

## 2.2.6　空气积温

温度对蔬菜作物生长发育的影响包括温度强度和持续时间两个方面。积温就是衡量这两个方面综合效应的一种农业气象指标，也有人把它看作一个热量指标。积温作为一个重要的温度指标，在农业生产中广泛应用。关于积温的说法，可归纳出以下三个论点：第一，在其他条件得到满足的前提下，温度因子对生物发育起主要作用；第二，生物开始发育存在一定的下限；第三，完成某一阶段的发育需要一定的积温。

积温表示作物整个发育过程对热量的要求。当作物生长发育所需的其他因子基本符合要求时，作物完成某一生育阶段或生育周期必须要有一定的积温。积温不够，作物不能完成正常生育，也不可能获得理想的产量和品质。不同作物或同一作物在不同生育阶段对积温的要求不同，在其他条件满足需要时，生长速度取决于达到积温要求时间的早晚。

积温可以用活动积温、有效积温和净效积温来表示。

### 1. 活动积温

高于生物学下限温度的平均温度称为活动温度。生物某一生育期或全生育期中活动温度的总和称为活动积温：

$$Y = \sum \bar{t} \tag{2.27}$$

式中，$Y$ 为活动积温，℃·d；$B$ 为生物学下限温度，℃；$\bar{t}$ 为活动温度，℃，当 $\bar{t}<B$ 时，$\bar{t}$ 取 0。

### 2. 有效积温

活动温度与生物学下限温度差值为有效温度。生物某一生育期或全生育期中有效温度的总和称为有效积温：

$$T_A = \sum (\bar{t} - B) \tag{2.28}$$

式中，$T_A$ 为有效积温，℃·d；$B$ 为生物学下限温度，℃；$\bar{t}$ 为活动温度，℃，当 $\bar{t}<B$ 时，$\bar{t} - B$ 取 0。

### 3. 净效积温

实际温度超过该生育期的最适温度时，超过部分对生物发育是无效的，其活动温度应该以最适生物温度代替，此时的净效温度等于最适温度减去生物学下限温度。如果净效温度在最适温度和生物学下限温度之间，则净效温度等于有效温度。生物某一生育期或全生育期中净效温度的总和，称为净效积温：

$$T'_A = \sum_{i=1}^{n} (\bar{t}_i - B) + m(t_0 - B) \tag{2.29}$$

式中，$T'_A$ 为净效积温，℃·d；$B$ 为生物学下限温度，℃；$n$ 为温度在最适温度和生物学下限温度之间的天数，d；$\bar{t}_i$ 为第 $i$ 天的平均温度，℃；$m$ 为温度超过最适温度的天数，d；$t_0$ 为最适温度，℃。

需要指出的是，积温的单位取决于计算的方法。如果是温度相加，单位为℃；如果是一段时间内的平均温度乘以这段时间的天数，则单位为℃·d。

## 2.3　日光温室建筑热负荷及其计算方法

日光温室主要是利用其建筑的半透明效应和温室效应，在寒冷季节通过围护结构的太阳能集热、蓄热与保温的方式，营造可适于蔬菜作物生长所需要的热环境条件，实现反季节喜温果菜蔬菜作物的越冬生产。然而，日光温室建筑内的空气环境一般要受到两方面的影响：一是来自温室建筑内部蔬菜作物生产过程所产生的热、湿作用的影响；二是来自室外环境气候变化（温度、湿度、风速等）、太阳辐射等的影响。为了在温室内营造相对稳定且不受室外环境影响的热湿环境条件，如空气的温度、湿度、流速以及围护结构内表面温度等，就需要在冬季为温室建筑提供必要的热量，而在夏季为温室建筑进行通风降温甚至提供冷量。

为了经济合理的达到上述目的,一方面需要选择合理的日光温室建筑朝向、建筑空间形态(如高跨比、前屋面仰角、后屋面仰角、北墙高度等)以及围护结构的热工性能参数;另一方面需要合理地确定供暖、通风换气、供冷系统的设计与运行方案,并优化配置相应的供暖、通风、供冷设备,以实现日光温室建筑绿色设计、绿色用能与运行管理。而要实现这些,首先需要对日光温室建筑热负荷进行计算和评估。

### 2.3.1　供热设计热负荷

日光温室建筑热负荷计算方法大致可分为两大类:稳态传热计算法和动态传热计算法。稳态传热计算法不考虑室外空气温度的波动,建筑围护结构的传热过程是稳定的,不受日光温室建筑以前时刻传热过程的影响,只采用温室内外瞬时或平均温差与建筑围护结构的传热系数、传热面积的乘积求解计算热负荷,所求热负荷与时间变化没有关系。动态传热计算法需要考虑室外空气参数的波动、太阳辐射的影响,建筑围护结构的传热过程是非稳态的,所求热负荷随时间变化。本节重点以稳态传热计算法为基本方法,介绍日光温室建筑供热设计负荷的基本计算思路和主要计算原则。

日光温室建筑供热设计负荷是指在室外空气计算温度 $t_w$ 作用下,为达到要求的室内空气计算温度 $t_n$,供热系统在单位时间内向温室供给的热量 $Q$,它是设计供热系统的最基本依据[28]。日光温室建筑耗热量包括以下几个方面:

(1) 围护结构耗热量。

(2) 地中传热耗热量。

(3) 加热冷风渗透耗热量。

(4) 温室的通风耗热量。

(5) 温室内部水分蒸发耗热量。

(6) 温室外部的运输工具和物料耗热量。

(7) 进入通过门斗侵入冷风的耗热量。

一天中,日光温室建筑所需最大热负荷一般出现在清晨,即室外空气温度最低且没有太阳辐射的时段。根据日光温室运营管理的实际情况,为了简化计算,本节重点考虑(1)～(3)项耗热量对日光温室建筑供热负荷的影响,基本计算式为

$$Q_h = U_1 + Q_f + U_2 \tag{2.30}$$

式中,$Q_h$ 为日光温室供暖热负荷,W;$U_1$ 为通过墙体、后屋面和前屋面等围护结构的耗热量,W;$Q_f$ 为地中传热量,W;$U_2$ 为冷风渗透耗热量,W。

根据式(2.30)计算得到的日光温室建筑供暖热负荷,原则上可作为日光温室建筑热工工程设计依据。

## 2.3.2　围护结构耗热量

日光温室建筑围护结构(前屋面、后屋面、墙体)外表面主要通过对流换热和长波辐射换热的方式向周围环境传热。根据传热学,对流换热损失的大小与室外空气温度、风速等因素有关;而长波辐射换热损失则与大气、来自地面和周围建筑以及其他物体外表面的长波辐射有关。

1. 基本计算公式

通过围护结构的耗热量可按式(2.31)计算:

$$U_1 = \sum_j K_j F_{g j}(t_n - t_w) \tag{2.31}$$

式中,$U_1$ 为通过墙体、后屋面和前屋面等围护结构的传热量,W;$K_j$ 为日光温室各部分围护结构(包括前屋面保温覆盖物、墙体、后屋面、外门窗等)的传热系数,$W/(m^2 \cdot ℃)$;$F_{g j}$ 为日光温室各部分围护结构的面积,$m^2$;$t_n$ 为温室内空气计算温度,℃;$t_w$ 为温室外空气计算温度,℃(见附录)。

下面对式(2.31)中各项分别进行讨论。

1) 围护结构传热系数 $K$

日光温室的外墙和屋顶都属于匀质多层材料的平壁结构,其传热过程如图 2.23 所示。

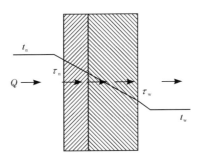

图 2.23　通过围护结构的传热过程

单一材料层的热阻可按式(2.32)计算:

$$R = \frac{\delta}{\lambda} \tag{2.32}$$

式中,$R$ 为材料层的热阻,$m^2 \cdot K/W$;$\delta$ 为材料层厚度,m;$\lambda$ 为材料的热导率,$W/(m \cdot K)$。

围护结构传热系数可按式(2.33)计算:

$$K = \frac{1}{R} = \frac{1}{\frac{1}{\alpha_n} + \sum \frac{\delta_i}{\lambda_i} + \frac{1}{\alpha_w}} = \frac{1}{R_n + R_j + R_w} \qquad (2.33)$$

式中,$R$ 为围护结构的热阻,$m^2 \cdot ℃/W$;$\alpha_n$ 和 $\alpha_w$ 为围护结构内表面和外表面的换热系数,$W/(m^2 \cdot ℃)$;$R_n$ 和 $R_w$ 为围护结构内表面和外表面的热阻,$m^2 \cdot ℃/W$;$\delta_i$ 为围护结构各层的厚度,$m$;$\lambda_i$ 为围护结构各层材料的热导率,$W/(m \cdot ℃)$;$R_j$ 为由单层或多层材料组成的围护结构各材料层的热阻,$m^2 \cdot ℃/W$。

围护结构内表面的传热过程是壁面与邻近空气及其他壁面因温差引起的自然对流和辐射,而围护结构外表面的传热过程主要是由风力作用产生的强迫对流换热、辐射换热以及与周围环境的长波辐射换热。工程计算中,内、外表面换热系数和热阻可参见表 2.12[28] 和表 2.13[28]。

**表 2.12　内表面换热系数 $\alpha_n$ 与热阻 $R_n$**

| 围护结构内表面特征 | $\alpha_n/[W/(m^2 \cdot ℃)]$ | $R_n/(m^2 \cdot ℃/W)$ |
|---|---|---|
| 墙、地面、表面平整或有肋状突出物的顶棚,当 $h/s \leqslant 0.3$ 时 | 8.7 | 0.115 |
| 有肋状突出物的顶棚,当 $h/s > 0.3$ 时 | 7.6 | 0.132(0.154) |

注:$h$ 为肋高,m;$s$ 为肋间净距,m。

**表 2.13　外表面换热系数 $\alpha_w$ 与热阻 $R_w$**

| 围护结构外表面特征 | $\alpha_w/[W/(m^2 \cdot ℃)]$ | $R_w/(m^2 \cdot ℃/W)$ |
|---|---|---|
| 外墙与屋顶 | 23 | 0.04 |
| 与室外空气相通的非采暖地下室上面的楼板 | 17 | 0.06 |
| 闷顶和外墙上有窗的非采暖地下室上面的楼板 | 12 | 0.08 |
| 外墙上无窗的非采暖地下室上面的楼板 | 6 | 0.17 |

2)日光温室内空气计算温度

日光温室建筑供热对象是蔬菜作物,因此,温室内空气计算温度需要根据蔬菜作物的适宜温度进行合理选取(见 2.2 节)。当同一温室栽培多种植物时,可考虑取其高者。

3)日光温室外空气计算温度

由式(2.31)可知,室外空气计算温度取值越低,越能满足极端天气日光温室建筑供热负荷需求,但同时也加大了供热系统的初期建造成本。因此,在确定日光温室外空气计算温度时,必须从技术性与经济性的角度进行综合考虑。

冬季室外计算温度可参见附录[28]。

日光温室建筑通常都是建在郊外,在计算热负荷时必须考虑冬季夜间围护结构外表面与室外环境之间的长波辐射热损失,即需要考虑有效天空温度(见 2.1.4

节)的影响。为了简化该部分热损失的计算,可通过适当降低室外计算温度的方法进行修正。一般在室外计算温度的基础上降低 3～5℃,作为该部分热损失的修正计算。

2. 日光温室建筑各围护结构热阻计算

1) 墙体与后屋面

根据日光温室建筑传热过程分析,温室墙体特别是北墙体的集热、保温和蓄热性能非常重要;而温室的后屋面则主要以保温性能确保为主。提高保温性能的关键是增大围护结构的传热热阻。墙体热阻表征墙体本身阻抗传热能力的物理量,也可表述为热量从墙体材料层的一侧传至另一侧所受到的总阻力大小,反映墙体材料层对热流波的阻挡能力。

若墙体及后屋面采用的是单一材料结构形式,则其热阻可按式(2.34)计算;若采用的是多层结构形式,其热阻可按式(2.35)计算:

$$R = \frac{\delta}{\lambda} \tag{2.34}$$

$$R = R_1 + R_2 + \cdots + R_n \tag{2.35}$$

式中,$R_1$,$R_2$,$\cdots$,$R_n$ 为各层材料的热阻,$m^2 \cdot K/W$。

由式(2.34)和式(2.35)可见,材料的热导率越小,围护结构的热阻越大,保温性能越强。热导率小的材料,也是密度小的轻质材料。例如,聚苯板、矿棉、岩棉、玻璃棉、锅炉渣、硅藻土、锯末、稻壳、稻草、切碎稻草、膨胀珍珠岩、聚乙烯泡沫塑料等这类材料都是热的不良导体,可作为保温材料使用。

2) 前屋面保温覆盖物

大量分析和实测结果表明,日光温室建筑前屋面夜间散热损失占温室总散热损失的 50%～70%。因此,日光温室前屋面保温覆盖物传热性能的优劣对确保夜间日光温室环境温度影响很大。前屋面保温覆盖物的热阻计算式同墙体。需要指出的是,考虑到塑料薄膜很薄,可以忽略。

## 2.3.3　地中传热量

关于日光温室通过地面向外界传热耗热量的计算可采用"地带法"。即将温室地面按图 2.24 分成不同地带,距离温室四周 2m 距离的区域为第一地带,计算面积时墙角处(黑色部分)要重复计算;由第一地带继续向温室中间区域划出宽度为 2m 的区域为第二地带;以此类推,划出第三地带、第四地带。需要指出的是,温室跨度小于 12m 时,最多只划分到第三地带,即第二地带以内的温室中间区域,无论其宽度大小均视为第三地带;温室跨度大于 12m 时,第三地带以内的温室中间区域,无论其宽度大小均为第四地带。直接建在田地上且没有对地面做特殊保温的非保温地面各地带的传热系数可参照表 2.14 取值[29]。

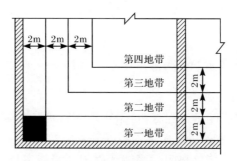

图 2.24　地面传热地带的划分

**表 2.14　非保温地面的传热系数和热阻**

| 地带 | $R/(\mathrm{m}^2 \cdot ℃/\mathrm{W})$ | $K/[\mathrm{W}/(\mathrm{m}^2 \cdot ℃)]$ |
|---|---|---|
| 第一地带 | 2.15 | 0.47 |
| 第二地带 | 4.30 | 0.23 |
| 第三地带 | 8.60 | 0.12 |
| 第四地带 | 14.2 | 0.07 |

日光温室地中传热量可按式(2.36)计算：

$$Q_f = \sum K_i F_i (t_n - t_w) \tag{2.36}$$

式中，$Q_f$ 为通过温室地带地面的总耗热量，W；$K_i$ 为第 $i$ 地带地面的传热系数，W/ $(\mathrm{m}^2 \cdot ℃)$；$F_i$ 为第 $i$ 地带地面面积，$\mathrm{m}^2$；$t_n$ 和 $t_w$ 为室内和室外空气计算温度，℃。室外空气计算温度见附录。

### 2.3.4　冷风渗透耗热量

在风力和热压造成的室内外压差作用下，室外的冷空气通过门窗等缝隙渗入室内，被加热后逸出。把这部分冷空气从室外温度加热到室内温度所消耗的热量，称为冷风渗透耗热量。该耗热量主要受日光温室建筑围护结构、门窗朝向、室内外空气温度和室外风速等因素的影响。本节重点介绍两种关于冷风渗透耗热量的计算方法，即换气次数法和对流换热系数法。

#### 1. 换气次数法

采用换气次数法计算冷风渗透热负荷如式(2.37)所示：

$$U_2 = mc_p(t_n - t_w) = \rho c_p NV(t_n - t_w) \tag{2.37}$$

式中，$U_2$ 为冷风渗透热负荷，W；$m$ 为冷风进入温室的空气质量，kg；$c_p$ 为空气比定压热容，$1.007kJ/(kg \cdot ℃)$；$N$ 为温室的设计换气次数(可由表 2.15[1]查得)，次/h；$V$ 为温室内部容积，$m^3$；$\rho$ 为对应 $t_n$ 下的空气密度，$kg/m^3$。

**表 2.15　不同温室构造形式的设计换气次数**

| 新温室 | | 旧温室 | |
| --- | --- | --- | --- |
| 温室构造形式 | 换气次数/(次/h) | 温室构造形式 | 换气次数/(次/h) |
| 单层玻璃，玻璃塔接缝隙不密封 | 1.25 | 维护保养好 | 1.50 |
| 单层玻璃，玻璃塔接缝隙密封 | 1.00 | 维护保养差 | 2.00～4.00 |
| 塑料薄膜温室 | 0.60～1.00 | 单层玻璃上覆盖塑料薄膜 | 0.90 |
| PC 中空板温室 | 1.00 | | |

### 2. 对流换热系数法

采用对流换热系数法计算冷风渗透热负荷，可根据式(2.38)计算：

$$U_2 = \alpha_h (t_n - t_w) F \qquad (2.38)$$

式中，$U_2$ 为单位面积围护结构的冷风渗透热负荷，W；$F$ 为温室前屋面面积，$m^2$；$\alpha_h$ 为温室前屋面对流换热系数(可参照表 2.16[1]取值)，$W/(m^2 \cdot K)$。

**表 2.16　对流换热系数 $\alpha_h$ 标准值**

| 适用条件 | $\alpha_h/[W/(m^2 \cdot K)]$ |
| --- | --- |
| 玻璃温室 | 3.48～5.80 |
| 聚氯乙烯温室 | 2.32～4.64 |
| 完全封闭的温室 | 0 |
| 双层覆盖的温室 | 0～2.32 |

# 第3章　日光温室建筑朝向与间距设计

日照是指物体表面被阳光直接照射的现象。日照时间长短主要影响作物发育阶段,因为日照可引起作物的光生物学反应,促进作物体的新陈代谢。此外,透过前屋面进入温室内的太阳辐射,由于温室效应可产生大量的辐射热,可为日光温室冬季蔬菜作物反季节生产营造必要的热环境提供热源。因此,蔬菜作物生长发育时期,确保日光温室获得足够的日照时间和日照质量,对促进蔬菜作物的新陈代谢能力,提高蔬菜作物产量和品质具有非常重要的意义。

日光温室建筑日照标准一般可由日照时间和日照质量来衡量[30,31]。日照时数是指阳光照射的时数,日照率是实际日照时数与同时间内(如年、月、日等)的最大可照时数的百分比。同一地理纬度的最大可照时数是相同的,但因为各地云量和其遮挡太阳的时间不同,实际的日照时数是有差异的。

日照质量是通过日照时间的积累和每小时日照面积的积累来实现的。日照时间直接受日光温室建筑朝向的影响,而日照量则由日照时间内每小时日光温室墙体内表面和地面被阳光投射面积的大小所决定。只有日照时间和日照面积都得到保证才能充分发挥阳光对温室内作物的作用。因此,日光温室建筑朝向和温室之间建筑间距的合理设计对确保日光温室最大化截获太阳辐射具有非常重要的影响。

## 3.1　传统日光温室建筑朝向设计方法

根据地球物理学,任一纬度地区,地方时(真正午时)12 时的太阳方位都位于正南。地球在一天之内自转一周,即每小时自转 15°,也就是每隔 4min 太阳方位角就西移或东移 1°。由此推算,日光温室建筑朝向(方位角)每相差 1°,太阳直射时间出现的早晚相差约 4min。例如,如果日光温室的建筑朝向设计为南偏东 10°,则可比正南朝向温室早 40min 接收到太阳光,反之晚 40min。由此可见,位于不同地理纬度的日光温室,其建筑朝向设计需要充分考虑太阳辐射随时间、季节的动态变化规律,以确保在作物生长关键期温室可截获的太阳辐射累积量尽可能大。

日光温室建筑朝向同时受地理纬度、太阳辐射动态变化特性、地域气候特点、蔬菜作物栽培季节等因素影响的错综复杂性,致使人们对日光温室建筑朝向确定方法的认识始终难以统一。在生产实践中更多还是凭借经验,给出的取值范围宽

且差异也较大,从南偏东 30°到南偏西 40°皆有分布[32~34],对不同地理纬度地区日
光温室建设指导的针对性不强,可参考性受到影响。例如,《日光温室技术条件》
(NY/T 610—2002)中规定,"日光温室采光面朝南,屋脊线东西走向。以当地正南
向为准,温室方位南向偏角不应超过±10°";《日光温室和塑料大棚结构与性能要
求》(GB/T 19165—2003)中规定,"坐北朝南,东西向延长,偏东或偏西不宜超过
10°";《寒地节能日光温室建造规程》(GB/T 19561—2004)中规定,"温室坐北朝
南,东西延长,方位应采用当地正南偏东 5°至偏西 5°"。

　　其中,南偏东的理由主要是考虑可以"抢阳",升温快,可促进上午植物光合作
用,并能削弱西北风对日光温室的降温作用;南偏西的理由则主要是考虑清晨室
外空气温度低,前屋面保温覆盖物开帘晚,导致温室内空气湿度大,有时甚至出现
雾,使温室光照减弱,偏西可有利于提高下午光照的利用率;正南方向的理由则是
上述二种意见的折中。

## 3.2　日光温室建筑日照时间和日照质量影响因素分析

　　确保日光温室前屋面在蔬菜作物关键生长发育期总是能最大化截获太阳辐
射能,是日光温室在有效光照时间内尽可能多获得太阳能的关键所在,也是使温
室可以获得维持蔬菜作物必要热环境所需供热能量的重要途径。根据太阳辐射
动态变化规律以及室外气候条件变化特性,影响日光温室前屋面截获太阳辐射量
大小以及有效日照时数的主要因素有三个:①太阳高度角和方位角;②日光温室
建筑所处地理位置(纬度);③一日内温室保温覆盖物的开闭时间。实际上,这些
因素也决定了日光温室最佳建筑朝向的确定。

### 3.2.1　太阳运动轨迹变化影响

　　图 3.1 反映了一年中太阳运动轨迹随季节动态变化,图 3.2 和图 3.3 分别为
北京地区(40°N)一年中四季代表日春分(3/20)、夏至(6/21)、秋分(9/23)、冬至(12/
21)的太阳高度角和方位角随时间变化。太阳高度角 $h$ 表征的是地球表面上某点
和太阳的连线与地平面之间的夹角,太阳方位角 $\alpha$ 表征的是太阳至地面上某给定
点连线在地面上的投影与南向的夹角,一年中太阳高度角 $h$ 和方位角 $\alpha$ 呈现了不
同的动态变化特性。图 3.2 关于太阳高度角随时间的变化规律表明,一天中中午
前后的太阳高度角最大,相应的太阳辐射强度也是一天中最强的,冬至日太阳高
度角最大时刻出现在 12 点前后,其他季节代表日出现的时刻略有延迟;一年中,
冬至日前后太阳高度角最低,约为 26°,相应的太阳辐射强度也是一年中最弱,而
夏至日前后的太阳高度角最大,约为 80°,太阳辐射强度也为一年中最强,春分与
秋分的变化规律相似,太阳高度角居于冬至日和夏至日之中。图 3.3 关于太阳方

位角的变化规律表明,一年中,同样是春分与秋分的变化规律相似,夏至日和冬至日的变化规律相差较大。

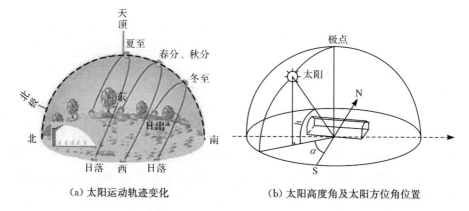

（a）太阳运动轨迹变化　　　　　（b）太阳高度角及太阳方位角位置

图 3.1　太阳高度角及太阳方位角变化

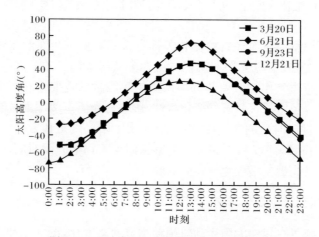

图 3.2　四季代表日太阳高度角随时间变化

　　显然,太阳高度角和太阳方位角的动态变化特性不仅影响太阳辐射强度的变化,同时影响日光温室前屋面截获太阳辐射强度的大小和有效照射时数。

## 3.2.2　地理纬度的影响

　　图 3.4 反映了地理纬度变化时,冬至日正南向太阳辐射强度随时间的变化规律。可以看出,随着地理纬度不断走高(20°N、30°N、40°N、50°N),太阳辐射强度随时间变化规律虽然相似,但随着纬度的增加,太阳辐射强度呈下降趋势,特别是40°N地区的这种减弱趋势变化明显。另外,对于低纬度地区,因为太阳高度角比较大,日光温室建筑朝向对其前屋面可否截获更多的太阳辐射能的影响不明显;

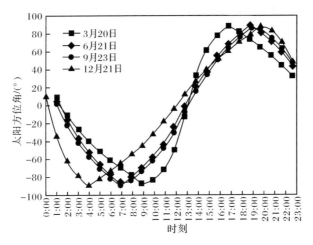

图 3.3　四季代表日太阳方位角随时间变化

但对于高纬度地区特别是冬季,由于太阳高度角小、加之室外空气温度低,日光温室建筑朝向对其前屋面能否截获到更多的太阳辐射能的影响已非常大。对于高纬度地区的冬季,争取更多的午后光照也许是有必要的。

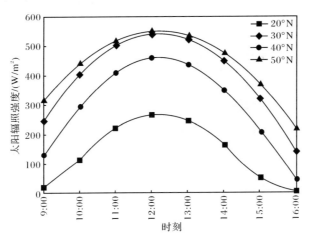

图 3.4　不同纬度太阳辐照强度随时间变化

### 3.2.3　温室保温覆盖物开闭时间的影响

　　由于太阳辐射强度受地理纬度、太阳高度角和方位角等参数动态变化特性的影响,对于不同地理纬度地区,即使是同一天,太阳辐射最大值出现的时刻是不相同的,有效日照时长也不相同。加之考虑室外气象参数变化规律的不同性,为了确保日光温室获得的太阳能大于通过温室围护结构向外界流失的热量,前屋面保温覆盖物的开启时间不能过早,以避免温室内空气温度的急剧下降。当然,也不能开启过晚,晚开虽能保证温室内空气温度的平稳上升,但会影响作物光照时数,减少作物光合作用时间,甚至影响作物生长发育,降低作物产量。所以,需要综合考虑不同地理纬度气候特点、生产作物的生理特征及其环境需求,确定与之适宜的保温覆盖物开闭时间。

## 3.3　日照时间与日照质量计算

### 3.3.1　日照时间

　　昼夜交替、光暗变换和时间长短作为一种信息传递给作物,诱导了作物的一系列生长发育过程,这种现象称为光周期现象。日照时间长短主要影响作物发育阶段。保证足够的或至少是最低的日照时间,是日光温室对日照要求的最低标准。通常要求种植季节温室满地面不少于 4h 的日照时间。我国地处北半球的温带地区,北半球的太阳高度角全年中的最小值出现在冬至日。因此,在计算日光温室日照时间时应该以冬至日为准。

　　以北京地区为例,采用 SketchUp 日照大师软件可计算冬至日日光温室地面的日照时间。计算温室空间形态特征如图 3.5 所示,其基本特征参数见表 3.1,日光温室建筑朝向假设为正南向。

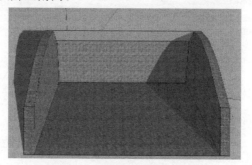

图 3.5　计算温室空间形态特征

**表 3.1　计算温室空间形态特征参数**

| 结构名称 | 数值 |
| --- | --- |
| 跨度 $L$/m | 8.0 |
| 长度 $l$/m | 40 |
| 脊高 $H$/m | 3.7 |
| 后墙高 $h$/m | 2.9 |
| 后屋面长度 $B$/m | 1.8 |
| 前屋面仰角 $\theta$/(°) | 30 |

根据 SketchUp 软件即可计算得到类似图 3.5 中地面或北墙体被东墙体遮挡的情况。图 3.6 计算结果表明,一天中,随着太阳高度角和方位角的变化,由于东西山墙的遮挡,上午是东侧、下午是西侧的地面和北墙体可被阳光照到的时长短至 2~3h,长至 4~5h;但中间区域可被阳光照到的时长可达 5~6h,温室绝大部分地面区域满足不少于 4h 日照时间的要求。

显然,日光温室建筑朝向直接决定了日照时间的长短。为了确保温室可获得足够的日照时间,日光温室建筑朝向与建筑间距设计需要采用科学的方法。

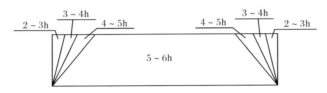

图 3.6　日光温室地面日照时间计算

## 3.3.2　日照质量

日光温室日照质量受两方面因素的影响:日照时间和日照面积。其中,日照时间随日光温室建筑朝向(阳光射入室内的角度)的不同而不同;被阳光照射区域的面积越大且被照射的时间越长,该区域一天中获得的总的太阳辐射量就越大。只有日照时间和日照面积得到保证,才能充分发挥阳光对温室作物生长发育的促进作用。

### 1. 日影与光斑

建筑热物理[35]将被阳光照射到的区域称为光斑,而将物体或遮阳板在阳光照射下形成的阴影称为日影,阴影区得不到太阳光的直接照射。随着太阳高度角和方位角的动态变化,光斑和日影也随之动态变化。显然,光斑面积越大,获得的太阳直射辐射越大。日光温室的日照面积计算实际上是光斑面积的计算。

### 2. 温室日影区与光斑区计算

在近似认为照射到地球表面的太阳光是一束平行光的前提下,确定日影区和光斑区极为简单。一般物体或部件大都由各种有规律的平行直线构成,只要找到物体上几个拐角点的投影位置,就能方便地用连接直线的方法,得出日影区和光斑区的大小和位置。

由于日光温室前屋面在白天只覆盖塑料薄膜,阳光可以透过它射入室内,形成太阳光斑。光斑的计算关系到太阳辐射对温室热环境影响描述的准确性,下面重点介绍日光温室日影区与光斑区的计算方法。

日光温室前屋面为曲面,会增加很大的计算工作量。为简化计算,将曲面屋面按斜直面简化处理,图 3.7 为日光温室光斑区计算示意图。

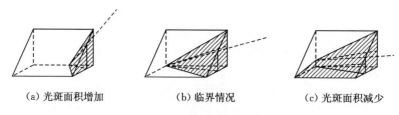

(a) 光斑面积增加　　　　(b) 临界情况　　　　(c) 光斑面积减少

图 3.7　光斑区计算示意图

图 3.7(a)为上午晚于临界情况时的光斑和日影情况,此时随着太阳高度角增大,太阳不断升高,温室内被阳光照射光斑区域明显增大,并且北墙、地面和西墙的大部分区域都可以接收到太阳直射辐射。图 3.7(b)为临界情况。图 3.7(c)为上午早于该临界情况时光斑和日影情况,由于太阳高度角比较低,此时温室地面还接收不到太阳直射辐射,地面都为日影区。

(1) 临界情况计算。实际中,这种情况的出现只是一瞬间,对其进行研究是为了判别光斑情况是图 3.7 中的哪一种。计算基于立体几何知识,具体如图 3.8 所示。

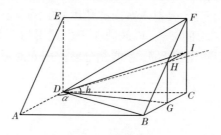

图 3.8　临界情况

根据日光温室建筑空间形状特征,温室的跨度 $BC$ 和北墙高度 $FC$ 已确定,即可建立关于太阳高度角 $h$ 和方位角 $\alpha$ 的四元一次方程组:

$$
\begin{cases}
DG \cdot \tan h = HG \\
DG \cdot \cos\alpha = CG \\
\dfrac{BC - CG}{BC} = \dfrac{HG}{FC}
\end{cases}
\tag{3.1}
$$

根据 2.1 节关于太阳高度角与方位角的关系,若已知 $h$(或 $\alpha$),则有唯一的 $\alpha$(或 $h$)与之对应。而当太阳的位置确定时,则相应的 $h$ 和 $\alpha$ 也为定值,故通过 $h$(或 $\alpha$)计算临界情况对应的 $\alpha$(或 $h$),再通过临界 $\alpha$(或 $h$)与实际 $\alpha$(或 $h$)进行比较,即可进行判别。

关于墙体对太阳辐射的反射问题,由于墙体内表面太阳辐射的吸收率都很高

（一般 70%以上），所以反射部分所占比例很小。为简化计算，将反射辐射按照散射辐射的方式分配，即按照墙体内表面面积大小进行分配。

（2）普通情况计算。以图 3.7(a)所示的情况为例进行计算分析，几何关系如图 3.9 所示。图 3.7(c)所示的情况以此类推，不再赘述。

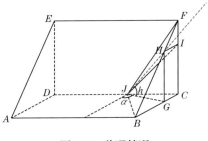

图 3.9　普通情况

同临界情况计算方法，只要明确计算地区纬度以及相应的计算时刻，根据 2.1.1 节内容即可计算得到相应时刻的太阳高度角 $h$ 和方位角 $\alpha$，进而通过简单的几何关系可计算得到对应时刻太阳照射在温室内形成的日影区与光斑区。即此时 $h$ 和 $\alpha$ 已知，只要确定了 $J$ 点的位置，根据式(3.2)即可求出太阳投射到各墙体内表面的光斑区：

$$\begin{cases} JG \cdot \tan h = HG \\ JG \cdot \cos\alpha = GC \\ \dfrac{HG}{FC} = \dfrac{BC-GC}{BC} \end{cases} \tag{3.2}$$

SketchUp 软件就是根据上述计算原理编制而成的。图 3.10 为采用 SketchUp 软件计算得到的北京地区冬至日不同时刻日光温室建筑内光斑区和日影区分布情况，计算日光温室建筑空间形态特征参数同表 3.1，温室建筑朝向仍然设定为正南向。由图 3.10 可以看出，一天中，日光温室建筑内光斑区在 12:00 时达到最大，下午的光斑区和日影区分布情况正好与上午形成对称分布。由于冬至日的太阳高度角为全年最低，因此，冬至日后屋面的大部分时段都可被阳光照射到。

同上述方法，选取我国四个不同地理纬度地区，即漠河(53°N,123°E)、乌鲁木齐(44°N,87°E)、寿光(37°N,119°E)、拉萨(30°N,91°E)的日光温室建筑，重点比较分析冬至日 12:00 和 14:00 温室内光斑区和阴影区分布情况。计算日光温室建筑空间形态特征参数同表 3.1，温室建筑朝向仍然设定为正南向。由于四个地区的地理纬度不同，所处的时区也不同，因而真太阳时也有差异。例如，乌鲁木齐地区的真太阳时较北京地区大概要晚 2h，相应一天中日出和日落的时间都将滞后。图 3.11 为 SketchUp 软件计算结果。正午 12:00 时，四个地区中纬度最高的漠河

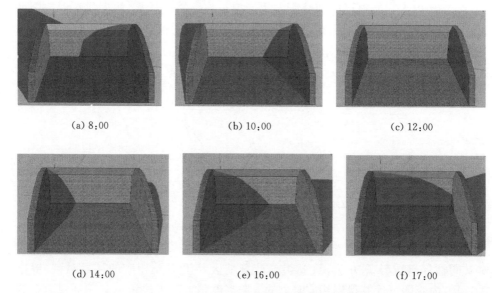

(a) 8:00　　　　　(b) 10:00　　　　　(c) 12:00

(d) 14:00　　　　　(e) 16:00　　　　　(f) 17:00

图 3.10　冬至日不同时刻日光温室内光斑面积

地区,由于太阳高度角最低(约为 13°),对应时刻日光温室建筑后屋面和北墙体几乎都被阳光照射到,光斑区最大;而纬度最低的拉萨地区,由于太阳高度角最大(为 37°),日光温室建筑后屋面以及北墙体的部分均在日影区,没有被阳光照射到。下午 14:00 时,位于漠河地区的日光温室建筑北墙西侧的日影区最大,其他地区依次减少,不同的是,此时寿光地区和拉萨地区温室的后屋面几乎都在日影区。

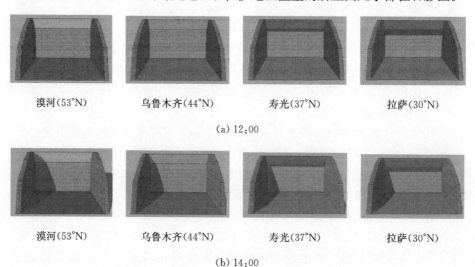

漠河(53°N)　　乌鲁木齐(44°N)　　寿光(37°N)　　拉萨(30°N)

(a) 12:00

漠河(53°N)　　乌鲁木齐(44°N)　　寿光(37°N)　　拉萨(30°N)

(b) 14:00

图 3.11　冬至日同一时刻不同地区日光温室内光斑面积

上述计算结果表明,太阳辐射强度动态变化特性,直接影响不同地理纬度日光温室建筑日照时间和日照质量。显然,保证蔬菜作物关键生长期日光温室建筑光斑面积与其对应的太阳辐射强度乘积的累积值最大,是确定日光温室建筑最佳朝向的重要条件。

## 3.4　日光温室前屋面保温覆盖物开闭时间计算

图 3.12 反映了北京地区冬至日日光温室内外空气温度差与太阳辐射强度随时间的变化规律,可以看出,影响日光温室前屋面保温覆盖物早晨开启时间的因素主要有两个:①早晨开始有日出了,但太阳辐射强度较弱,对温室热环境的贡献非常有限;②虽然早晨开始有日出了,但此时也是一天中室外空气温度最低的时段,前屋面保温覆盖物如果开启过早,由于温室内外温差传热通过前屋面向外部环境流失的热量比从前屋面获得的太阳辐射更大,导致温室内空气温度急剧下降。因此,日光温室前屋面保温覆盖物开闭时间需要综合考虑太阳辐射强度和室外空气温度对温室热环境的综合影响。实际上,根据不同纬度地区太阳高度角与方位角的变化规律以及当地气候特点,可以定量给出相应的温室前屋面保温覆盖物开闭时间的确定方法。

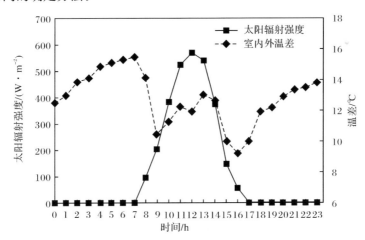

图 3.12　北京地区冬至日室外温度与太阳辐照强度随时间变化

### 3.4.1　计算模型

确定不同纬度地区温室保温覆盖物早晨开启时间的基本原则是,通过温室前屋面获得的太阳辐射能应大于或等于由于温室内外温差传热通过前屋面向外部环境流失的热量。同理,确定温室保温覆盖物下午关闭时间的基本原则是,通过温室前屋面获得的太阳辐射能应小于或等于由于温室内外温差传热通过前屋面向外部环境流失的热量。

图 3.13 为日光温室保温覆盖物开闭时间简化计算物理模型,忽略温室内空气温度的不均匀性,则通过前屋面进入温室内的太阳辐射能 $Q_1$ 可由式(3.3)计算,因受温室内外温差传热影响,通过前屋面向外部环境流失的热量 $Q_2$ 可由式(3.4)计算。

$$Q_1 = A I_{s\theta} \tau \qquad (3.3)$$
$$Q_2 = A K_{膜}(t_i - t_w) \qquad (3.4)$$

式中,$K_{膜}$ 为塑料薄膜传热系数,可取 $6.7 W/(m^2 \cdot ℃)$;$\tau$ 为塑料薄膜透过率,上午和晚上太阳高度角较低,$\tau$ 透过率较低,取平均为 $0.52$[36]。

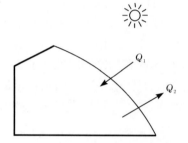

图 3.13　简化计算物理模型

早晨,当式(3.5)成立时,说明满足 $Q_1 \geqslant Q_2$ 的开启条件,对应时刻则为可以开启温室前屋面保温覆盖物的时间:

$$I_{ON} \geqslant 12.9(t_i - t_w) \qquad (3.5)$$

式中,$I_{ON}$ 为对应温室内外空气温度条件下,满足早晨前屋面保温覆盖物可开启时刻的太阳辐射强度,$W/m^2$。

同理,下午,当式(3.6)成立时,说明满足 $Q_1 \leqslant Q_2$ 的关闭条件,对应时刻则为可以关闭温室前屋面保温覆盖物的时间:

$$I_{OFF} \leqslant 12.9(t_i - t_w) \qquad (3.6)$$

式中,$I_{OFF}$ 为对应温室内外空气温度条件下,满足下午前屋面保温覆盖物可关闭时刻的太阳辐射强度,$W/m^2$。

### 3.4.2　不同纬度地区前屋面保温覆盖物开闭时间推荐值

1. 北京地区

表3.2和表3.3分别为北京地区冬至日早晨和下午不同时刻室外空气温度和太阳辐射强度随时间变化值以及根据式(3.5)和式(3.6)计算得到的该日前屋面

保温覆盖物的开启和关闭条件。由表 3.2 可见,冬至日的日出时间为 7:34,假定温室内温度为 7℃,根据分析结果,北京地区冬至日早晨前屋面保温覆盖物可开启的时间在 8:40～8:50,即在日出后的 70～80min 后;同理,由表 3.3 可见,北京地区冬至日下午前屋面保温覆盖物可关闭的时间在 16:10～16:20。

**表 3.2　北京地区冬至日早晨前屋面保温覆盖物开启条件**

| 时间 | 温室内空气温度 /℃ | 室外空气温度 /℃ | 温差 /℃ | 太阳辐射强度 /(W/m²) | 可开启的太阳辐射强度 $I_{ON}$/(W/m²) |
|---|---|---|---|---|---|
| 7:40 | 7 | −3.9 | 10.9 | 14.3 | 140.6 |
| 7:50 | 7 | −3.9 | 10.9 | 26.6 | 140.6 |
| 8:00 | 7 | −3.8 | 10.8 | 39.1 | 139.3 |
| 8:10 | 7 | −3.6 | 10.6 | 67.2 | 136.7 |
| 8:20 | 7 | −3.4 | 10.4 | 98.6 | 134.1 |
| 8:30 | 7 | −3.2 | 10.2 | 119.5 | 131.5 |
| 8:40 | 7 | −3.1 | 10.1 | 134.2 | 130.2 |
| 8:50 | 7 | −3.0 | 10.0 | 149.5 | 129.3 |

**表 3.3　北京地区冬至日下午前屋面保温覆盖物关闭条件**

| 时间 | 温室内空气温度 /℃ | 室外空气温度 /℃ | 温差 /℃ | 太阳辐射强度 /(W/m²) | 可关闭的太阳辐射强度 $I_{OFF}$/(W/m²) |
|---|---|---|---|---|---|
| 15:30 | 25.2 | 3.5 | 21.7 | 341.5 | 279.9 |
| 15:40 | 24.2 | 3.3 | 20.9 | 325.3 | 269.6 |
| 15:50 | 23.1 | 3.2 | 19.9 | 305.6 | 256.7 |
| 16:00 | 22.0 | 3.0 | 19.0 | 265.3 | 245.1 |
| 16:10 | 20.8 | 2.7 | 18.1 | 230.5 | 233.5 |
| 16:20 | 19.2 | 2.5 | 16.7 | 191.5 | 215.4 |

采用上述方法可以计算得到北京地区 11 月 1 日～次年 2 月 28 日前屋面保温覆盖物每天适宜的开闭时间条件,计算结果如图 3.14 所示。根据分析计算,北京地区冬季日光温室前屋面保温覆盖物早晨开启时间可较日出时间延后 70～80min,下午关闭时间可在日落前的 30～40min。

图 3.15 为应用 EnergyPlus 软件计算得到的北京地区冬至日日光温室通过前屋面的热通量以及温室内空气温度随时间的变化情况。计算温室建筑空间形态参数同表 3.1,正南朝向,前屋面保温覆盖物开启时间为 8:40～16:10。图 3.16 中,通过前屋面热通量负值表示热量从温室内向外部环境流失,正值为温室获得了太阳辐射能。上午 8:40 前屋面保温覆盖物开启后,太阳能通过前屋面进入温

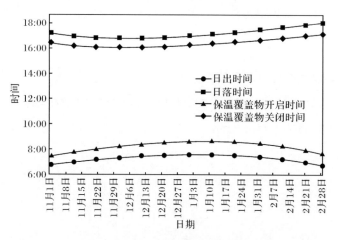

图 3.14　北京地区冬季日光温室前屋面保温覆盖物开闭时间

室内,前屋面热通量由负值变为 $10W/m^2$,并开始快速上升,由于温室获得的太阳辐射能大于其因温差传热而向外部环境流失的热量,温室内空气温度从开棚时的 7℃迅速攀升,在 13:20 左右达到最高值 34.1℃,直到下午 16:10 前屋面保温覆盖物关闭时,温室内空气温度还维持在 23.3℃。之后由于北墙体、土壤体等的放热,直至夜晚 24:00,温室内空气温度还维持在 10℃以上。

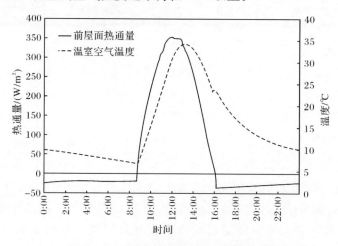

图 3.15　前屋面热通量与室内温度变化

## 2. 其他地区

同上述计算方法,可计算得到我国其他纬度地区日光温室前屋面保温覆盖物冬季适宜开闭的时间条件(见图 3.16)。

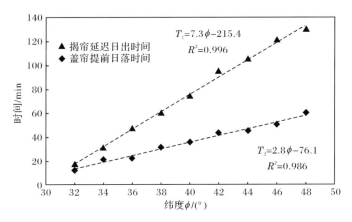

图 3.16　地理纬度与日光温室揭盖帘时间关系

根据图 3.17 的计算结果,可以给出不同纬度地区日光温室前屋面保温覆盖物开启和关闭的时间条件的计算拟合式:

$$T_1 = 7.3\phi - 215.4 \qquad\qquad (3.7)$$
$$T_2 = 2.8\phi - 76.1 \qquad\qquad (3.8)$$

式中,$T_1$ 为早晨温室前屋面保温覆盖物开启较当地日出时间需要延后的时间,min;$\phi$ 为当地的地理纬度,°N;$T_2$ 为下午温室前屋面保温覆盖物关闭较当地日落出时间需要提前的时间,min。

## 3.5　日光温室建筑朝向设计计算

太阳能以短波辐射的形式透过温室前屋面进入温室,温室内被太阳光直接照射的表面形成光斑[21]。受太阳运动轨迹动态变化的影响,光斑面积的大小及照射在光斑上的太阳辐射强度随时间动态变化,日光温室内表面光斑面积与照射在其上太阳辐射强度乘积的时间累积量[22]可反映日光温室获得的光照时间和光照质量。显然,日光温室建造朝向不同,其前屋面累积截获的太阳辐射量不同。为了确保日光温室建筑可获得足够的光照时间和光照质量,应以日光温室建筑前屋面截获的太阳"光照"最大作为日光温室建筑朝向 $\gamma$ 的设计原则(见图 3.17)。本节将在 3.2 节~3.4 节基础上,重点介绍日光温室最佳建筑朝向 $\gamma_{max}$ 设计计算方法。

### 3.5.1　透过日光温室建筑前屋面太阳辐射量

日光温室前屋面是截获太阳辐射能的唯一途径。太阳总辐射包括直射辐射和散射辐射,它们透过前屋面塑料薄膜进入温室,为温室作物生长提供光能和热

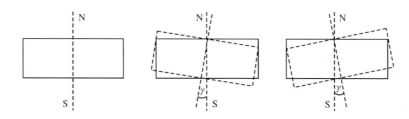

图 3.17　日光温室方位角示意图

能。当日光温室前屋面仰角一定时,透过前屋面的日累计太阳辐照量为

$$q = \sum_{t=t_1}^{t_2} \tau(I_{D\theta} + I_{d\theta})F \qquad (3.9)$$

式中,$t_1$ 为日光温室前屋面保温覆盖物早晨开启时间($T_1/60+$当地日出时间),h;$t_2$ 为日光温室前屋面保温覆盖物下午关闭时间($T_2/60+$当地日落时间),h;$\tau$ 为薄膜透过率,%;$I_{D\theta}$ 为太阳直射辐射强度[可根据式(2.11)计算],W/m²;$I_{d\theta}$ 为太阳散射辐射强度[可根据式(2.14)计算],W/m²;$F$ 为日光温室前屋面可截获太阳辐射的面积,m²。

　　根据 2.1.1 节内容,太阳入射角 $i$ 与温室前屋面仰角 $\theta$、太阳高度角 $h$、日光温室建筑朝向 $\gamma$ 和太阳方位角 $\alpha$ 有以下关系:

$$\cos i = \cos\theta\sin h + \sin\theta\cos h\cos(\alpha - \gamma) \qquad (3.10)$$

　　普通玻璃(塑料薄膜)对于可见光和波长为 3μm 以下的近红外辐射几乎是透明的,但对于长波红外辐射却是完全阻挡的。日光温室正是利用了玻璃或塑料薄膜这种对不同波长辐射的选择性(温室效应),实现了冬季蔬菜作物"反季节"生产。

　　日光温室合理太阳能透过率是指大于或等于 95% 的理想太阳能透过率。日光温室前屋面形状对太阳能透过率影响很大,太阳能透过率与光线入射角呈负相关关系,但不同入射角区段的太阳能透过率的变化不同。据研究,当温室前屋面的光线入射角在 0°～45°时,每增加 1°,透光率减少 0.11%,累计减少 4.9%;当入射角在 45°～70°时,每增加 1°,透光率减少 0.72%,累计减少 18%;当入射角在 70°～90°时,每增加 1°,透光率减少 3.33%,累计减少 66%。根据图 3.18,只要保证在太阳高度角最低时,白天大部分时刻太阳直射光线的入射角 $\beta \ll 45°$,就可以获得较大的透过率[2](见图 3.18)。

　　在太阳光线透过塑料薄膜进入温室内的过程中,影响温室前屋面塑料薄膜透过率的主要因素是日光温室薄膜的折射率和厚度。式(3.11)[24]反映了 0.1mm 厚 PVC 薄膜透过率与入射角 $i$ 的关系:

$$\tau = 90 - 5^{\frac{i-20}{25.06}} \qquad (3.11)$$

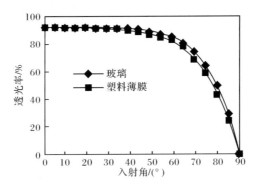

图 3.18　玻璃和塑料薄膜覆盖面光线入射角与透过率的关系

当计算期间为 $n$ 天时,透过日光温室前屋面累计太阳辐照量 $S$ 可用式(3.9)表征。进一步将式(2.2)、式(2.7)～式(2.9)、式(2.11)、式(2.14)、式(3.9)、式(3.10)代入式(3.12),可以得到白天透过日光温室前屋面累计太阳辐照量[式(3.13)]。

$$S = \sum_{i=1}^{n} q \tag{3.12}$$

$$S = \sum_{i=1}^{n} \sum_{t=t_1}^{t_2} (90 - 5^{\frac{i_t-20}{25.06}}) \left\langle I_0 p^{csch_t} \left[ \cos\theta \sinh_t + \sin\theta \cosh_t \cos(\alpha - \gamma) \right] \right.$$
$$\left. + \frac{1}{2} I_0 \sinh_t \frac{1-p^{csch_t}}{1-1.4\ln p} \cos^2 \frac{\theta}{2} \right\rangle F \tag{3.13}$$

图 3.19 是根据式(3.11)计算得到的不同朝向日光温室在全天的透过率,可以看出,与正午时段相比,早晨和傍晚日光温室朝向会对薄膜透过率产生一定影响,但不同朝向透过率与正南相比差异不超过 5%。另外,根据计算结果可知,整个冬季日光温室薄膜透过率变化很小,其规律几乎同图 3.19。据此,式(3.13)中的透过率可以按照日光温室朝向为正南向时的简化处理,即式(3.14)成立。

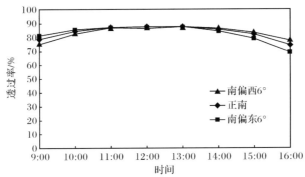

图 3.19　不同朝向薄膜透过率变化

$$S = \sum_{i=1}^{n} \sum_{t=t_1}^{t_2} \tau_t \left\{ I_0 \, p^{\operatorname{csch}_t} \left[ \cos\theta \, \sin h_t + \sin\theta \, \cos h_t \cos(\alpha_t - \gamma) \right] \right.$$
$$\left. + \frac{1}{2} I_0 \sin h_t \, \frac{1 - p^{\operatorname{csch}_t}}{1 - 1.4 \ln p} \cos^2 \frac{\theta}{2} \right\} F \tag{3.14}$$

### 3.5.2　日光温室建筑最佳朝向简化计算方法

所谓日光温室建筑最佳朝向,实际上是在蔬菜作物关键生产期间,可确保日光温室前屋面累计截获的太阳总辐射量最大时的日光温室建筑朝向。确定日光温室建筑最佳朝向的问题,实际上是数学中的求极大值问题。

#### 1. 极值理论

在数学方法中,有约束的极值问题一般表示为
$$\min f(x), \quad x \in R^n$$
$$\text{s.t.} \ g_i(x) \geqslant 0, \quad i = 1, 2, \cdots, m$$
$$h_j(x) = 0, \quad j = 1, 2, \cdots, l \tag{3.15}$$
即定义在 $x \in R^n$ 的实函数中,求 $f(x)$ 在 $n$ 维空间中的极值点,称为无约束极值问题。在实际应用中,常常有条件限制,对于条件 $g_i(x) \geqslant 0$,称为不等式约束;而对于条件 $h_j(x) = 0$,则称为等式约束。

在约束极值问题中,由于自变量的取值范围受到限制,目标函数在无约束情况下的平稳点(驻点)有可能不在可行域内,因此一般不能用无约束极值条件处理约束问题。

#### 2. 日光温室最佳建筑朝向简化计算模型

根据式(3.15)求解日光温室建筑最佳朝向的问题,可以视为蔬菜作物关键生产期间(计算期间)内求日光温室前屋面累计截获太阳辐射总量 $S$ 最大的问题,即式(3.16)成立。相应的等式约束条件有,为了蔬菜作物关键生产期间可获得充足的日照时间和日照质量,温室前屋面保温覆盖物早(晚)开(闭)时间 $t_1$($t_2$)应考虑太阳辐射强度和室外环境温度的综合影响(见3.4节)。

$$\frac{\mathrm{d}S}{\mathrm{d}\gamma} = 0 \tag{3.16}$$

求解式(3.16)即可得到在对应温室前屋面保温覆盖物早(晚)开(闭)时间 $t_1$($t_2$)约束条件下,日光温室最佳建筑朝向(方位角)$\gamma_{\max}$:

$$\gamma_{\max} = \arctan \frac{\sum\limits_{i=1}^{n} \sum\limits_{t=t_1}^{t_2} \tau_t p^{\operatorname{csch}_t} \cos h_t \sin\alpha_t}{\sum\limits_{i=1}^{n} \sum\limits_{t=t_1}^{t_2} \tau_t p^{\operatorname{csch}_t} \cos h_t \cos\alpha_t} \tag{3.17}$$

当已知日光温室建筑所处地理纬度 $\varphi$，大气透明系数 $p$，明确日光温室蔬菜作物关键生产期间(计算期间 $n$)以及相应的温室前屋面保温覆盖物早(晚)开(闭)时间 $t_1(t_2)$，即可根据式(3.17)确定该日光温室最佳建筑朝向(方位角) $\gamma_{max}$。

实际上，大气透明系数受大气透明程度的影响，它不是实际存在的一个物理量，而是综合反映大气层厚度、消光系数等难以确定的多种因素对太阳辐射的一个减弱系数。在数值上 $0 \leqslant p \leqslant 1$， $p$ 值越接近 1，表明大气越清澈，阳光透过大气层时被吸收的能量越少。某地区某时的大气透明系数 $p$ 不能由实测得到，而是根据实测数据进行统计计算得到的。

图 3.20 是根据北京地区典型气象年的气象参数计算得到的不同天气情况下大气透明系数随时间的变化规律。可以看出，一天中，晴好天气的大气透明系数早晨最低随后逐渐增加，下午时达到最大，多云天和阴天虽然受云量的影响波动较大，但总体的趋势也是下午比上午大，其他不同地理纬度地区的大气透明系数也有相同的规律。因此，对于 34°N 以北地区的日光温室建筑的最佳朝向宜按南偏西设置。

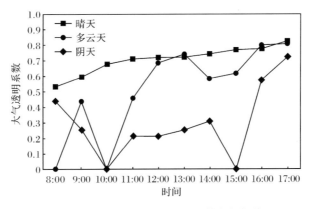

图 3.20　不同天气大气透明系数变化规律

式(3.18)是根据式(3.17)得到的关于反季节生产期(11 月 1 日～次年 2 月 28日)不同纬度地区日光温室建筑最佳朝向计算结果的拟合式( $R^2 = 0.978$ )，即日光温室建筑最佳朝向简化计算模型。

$$\gamma_{max} = 0.01801\varphi^3 - 2.127\varphi^2 + 84.16\varphi - 1109.5 \qquad (3.18)$$

**3. 简化计算模型验证**

为了验证简化计算模型[式(3.18)]的有效性，将日光温室建筑内表面光斑面积与照射在其上太阳辐射强度乘积的时间累积值 $S_L$ 大小作为评价依据。

$$S_L = \sum_{t=t_a}^{t_b} FI_t \qquad (3.19)$$

式中，$t_a$ 和 $t_b$ 为光斑出现的起始和终止时间，s；$F$ 为光斑面积（根据 SketchUp 软件计算），$m^2$；$I_t$ 为照射在光斑面积上的光照强度，W。

本节通过对北京地区不同朝向日光温室北墙和地面的累计太阳辐射量计算结果，验证计算模型式(3.18)的有效性。

1）计算条件

仍然以北京地区(40°N)日光温室为例(见图3.21)，计算温室空间形态特征参数同表3.1。计算期间为11月1日～2月28日，日光温室前屋面保温覆盖物早晨开启时间 $t_1$、下午关闭时间 $t_2$ 分别按 70min/60＋当地日出时间、33min/60＋当地日落时间考虑，气象参数采用当地标准气象年逐时参数。

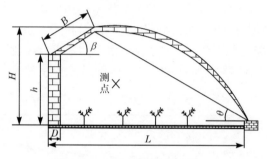

图 3.21　日光温室结构示意图

2）计算结果

日光温室北墙内表面及地面累计太阳辐射量随温室建筑朝向变化的计算结果如图3.22所示。随着温室建筑朝向由南偏东向南偏西变化(−12°～12°)，北墙内表面及地面累计太阳辐射量呈现先增大后减小的趋势，最大值均出现在温室建筑朝向为南偏西6°时，该计算结果与式(3.18)的计算结果的误差仅为0.3%，说明简化计算模型[式(3.18)]是有效的，即北京地区日光温室最佳建筑朝向为南偏西6°。

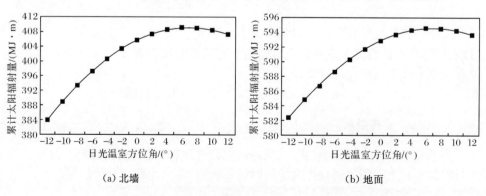

(a) 北墙　　　　　　　　　　　　　　(b) 地面

图 3.22　北京地区日光温室建筑朝向与北墙、地面累计太阳辐射量关系

### 3.5.3 我国优势种植地区日光温室建筑最佳朝向推算值

分别选取位于东北温带区、黄淮海与环渤海暖温区、西北温带干旱及青藏高寒区的几个代表地区(沈阳、北京、石家庄、寿光、银川、西安、敦煌、兰州以及乌鲁木齐等)的日光温室建筑进行案例计算分析。

#### 1. 计算条件

日光温室周年生产,不同季节喜温蔬菜作物生产所需要的光热资源是不同的,因此对日光温室建筑截获的太阳辐射量的要求也不相同的。冬季室外环境温度低,太阳辐照强度相对较弱,日光温室建筑热损失大,蔬菜作物生产对温室建筑热环境要求最高,春秋季次之,夏季较小。因此,本案例以冬季反季节生产期 11 月 1 日~次年 2 月 28 日作为计算期(该计算期间可以根据实际情况进行设定)。计算期间,日光温室建筑前屋面保温覆盖物的开(闭)时间 $t_1(t_2)$ 分别按图 3.17 取值。

#### 2. 计算推荐值

表 3.4 为根据简化计算模型[式(3.18)]得到的我国优势种植代表地区日光温室最佳建筑朝向计算推荐值。

**表 3.4　我国优势种植代表地区日光温室建筑最佳朝向推荐值**

| 城市 | 纬度 | 简化计算模型推荐值 |
| --- | --- | --- |
| 乌鲁木齐 | 43.9°N | 南偏西 9.7° |
| 沈阳 | 41.7°N | 南偏西 7.3° |
| 北京 | 39.8°N | 南偏西 6.2° |
| 石家庄 | 38.0°N | 南偏西 5.4° |
| 银川 | 37.9°N | 南偏西 5.4° |
| 寿光 | 37.5°N | 南偏西 5.1° |
| 西宁 | 36.6°N | 南偏西 4.5° |
| 兰州 | 36.1°N | 南偏西 4.0° |
| 西安 | 34.3°N | 南偏西 1.6° |

## 3.6　日光温室建筑间距设计计算

当日光温室建筑结构一定,相邻温室的间隔或日光温室建筑与其他建筑物的间距大小有可能对温室前屋面获得太阳辐射量产生遮挡影响时,有必要对日光温室建筑群的间距进行定量评估计算,确保各温室之间不互相遮挡,以获得充分的光照时间和光照质量。合理的日光温室建筑间距,不仅可保证温室内有足够的日照时间,还可以充分提高土地利用率。

### 3.6.1　影响因素

日光温室建筑间距的确定,首先要保证在冬季太阳高度角最低时(冬至日)前排温室对后排温室不产生遮挡。影响日光温室建筑间距的主要因素有地理纬度、太阳高度角、地面坡度和坡向、日光温室建筑的脊高及朝向,当然还要考虑季节(太阳赤纬角)变化的影响。

(1)地理纬度。地理纬度越高,太阳高度角越小,产生的阴影长度越大,要求温室的间距也越大。温室间距过大,使整个园区面积利用率过低,造成土地浪费。在允许条件下,根据种植作物对光照时数要求的不同,可适当降低不产生遮挡的日照时数来减小温室间距。

(2)温室建筑朝向。日光温室建筑朝向虽不影响温室的造价,但直接影响温室的间距大小,当温室建筑朝向为正南时,间距最小;随偏东或偏西角度的加大,温室间距随之加大;当偏东或偏西角度相同时,温室间距是相同的。

(3)地面坡度和坡向。地面坡度对温室间距的影响是十分明显的,因此在建设日光温室时,应尽量选择地势平坦或朝南坡向的地块。若场地存在朝北坡向时,应适当加大温室间距,但一般坡度不宜大于5°。当地面坡度一定时,地面坡向对温室间距的影响较小,但在场地选择时也应尽量选择正南坡向,避免出现温室沿东西长度方向出现较大高差。

(4)季节(太阳赤纬角)变化。随季节的变化,太阳赤纬角也将发生变化。冬至日赤纬角最大为−23.45°,立春或立冬日赤纬角为−16.33°。随着赤纬角的减小,温室间距可适当减小。但在考虑太阳赤纬角变化对日光温室建筑间距的影响时,要充分考虑种植不同作物的季节性。若考虑冬季越冬生产,就必须按冬至日来确定温室间距;若只考虑春提早、秋延后生产,可按立春日或立冬日来确定日光温室建筑间距。

### 3.6.2　间距设计计算方法

一般情况下,南北温室邻栋间隔以冬至日前栋温室对后栋温室不遮光且略有宽裕为宜。有明确种植要求时可按具体要求确定,如图3.23所示,日光温室建筑间距可按式(3.20)[2]计算:

$$L = H\cos r\tan(90° - h) - L_1 - D \tag{3.20}$$

$$r = \alpha \pm \gamma \tag{3.21}$$

式中,$L$为南北邻栋日光温室合理间隔,m;$H$为温室脊高加保温覆盖物直径,m;$h$为太阳高度角,可取冬至日9:00或10:00太阳高度角,(°);$\alpha$为太阳方位角,可取

9:00 或 10:00 的太阳方位角,(°);γ 为温室建筑朝向,(°),"±"的确定应根据温室的朝向和太阳方位,按表 3.5 选取;r 为太阳光线水平面投影线与温室屋脊垂线之间的夹角,(°);$L_1$ 为后屋面水平投影长度,m;D 为温室北墙厚度,m。

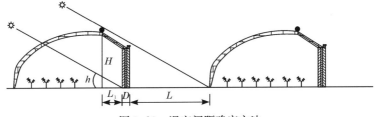

图 3.23　温室间距确定方法

表 3.5　太阳方位角与日光温室建筑朝向的相对关系

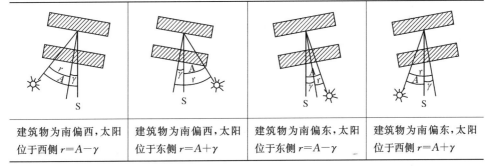

| 建筑物为南偏西,太阳位于西侧 r=A−γ | 建筑物为南偏西,太阳位于东侧 r=A+γ | 建筑物为南偏东,太阳位于东侧 r=A−γ | 建筑物为南偏东,太阳位于西侧 r=A+γ |
|---|---|---|---|

注:①图中 S 表示正南方向;②当温室为正南方向时,γ=A。

根据上述计算方法可以分别计算出冬至日 9:00 和 10:00 时,不同纬度地区建筑朝向为正南向的坐北朝南日光温室南北设计间隔 L 随温室脊高变化的推荐值(见表 3.6 和表 3.7)。显然,同一纬度地区,9:00 的建筑间距推荐值较 10:00 的更大,前后栋被遮挡的时间更少,但土地利用率降低。取哪个时间点的更合适,需要根据温室蔬菜作物的需要综合比较确定。

表 3.6　不同纬度冬至日 9:00 坐北朝南日光温室间距推荐值　(单位:m)

| 温室脊高/m | 草苫卷直径/m | 地理纬度/°N | | | | | | | | | |
|---|---|---|---|---|---|---|---|---|---|---|---|
| | | 30 | 32 | 34 | 36 | 38 | 40 | 42 | 44 | 46 | 48 |
| 3.5 | 0.6 | 7.5 | 8.1 | 8.8 | 9.5 | 10.5 | 11.7 | 13.2 | 15.1 | 17.5 | 20.9 |
| 3.8 | 0.6 | 8.0 | 8.6 | 9.4 | 10.2 | 11.3 | 12.6 | 14.2 | 16.2 | 18.8 | 22.4 |
| 4.1 | 0.6 | 8.6 | 9.2 | 10.0 | 10.9 | 12.1 | 13.4 | 15.1 | 17.3 | 20.1 | 24.0 |
| 4.4 | 0.6 | 9.1 | 9.8 | 10.7 | 11.6 | 12.8 | 14.3 | 16.1 | 18.4 | 21.4 | 25.5 |
| 4.7 | 0.6 | 9.7 | 10.4 | 11.3 | 12.3 | 13.6 | 15.1 | 17.0 | 19.5 | 22.7 | 27.0 |

| 温室脊<br>高/m | 草苫卷<br>直径/m | 地理纬度/°N | | | | | | | | | |
|---|---|---|---|---|---|---|---|---|---|---|---|
| | | 30 | 32 | 34 | 36 | 38 | 40 | 42 | 44 | 46 | 48 |
| 5.0 | 0.6 | 10.2 | 11.0 | 12.0 | 13.0 | 14.4 | 16.0 | 18.0 | 20.6 | 24.0 | 28.5 |
| 5.3 | 0.6 | 10.8 | 11.6 | 12.6 | 13.7 | 15.1 | 16.8 | 18.9 | 21.7 | 25.3 | 30.1 |
| 5.6 | 0.6 | 11.3 | 12.2 | 13.3 | 14.4 | 15.9 | 17.7 | 19.9 | 22.8 | 26.6 | 31.6 |
| 5.9 | 0.6 | 11.9 | 12.8 | 13.9 | 15.1 | 16.7 | 18.5 | 20.8 | 23.9 | 27.9 | 33.1 |
| 6.2 | 0.6 | 12.4 | 13.4 | 14.5 | 15.8 | 17.5 | 19.4 | 21.8 | 25 | 29.2 | 34.7 |

表 3.7　不同纬度冬至日 10:00 坐北朝南日光温室间距推荐值 （单位:m）

| 温室脊<br>高/m | 草苫卷<br>直径/m | 地理纬度/°N | | | | | | | | | |
|---|---|---|---|---|---|---|---|---|---|---|---|
| | | 30 | 32 | 34 | 36 | 38 | 40 | 42 | 44 | 46 | 48 |
| 3.5 | 0.6 | 6.4 | 6.8 | 7.3 | 7.9 | 8.6 | 9.4 | 10.4 | 11.5 | 12.9 | 14.7 |
| 3.8 | 0.6 | 6.8 | 7.3 | 7.9 | 8.5 | 9.2 | 10.1 | 11.1 | 12.4 | 13.8 | 15.8 |
| 4.1 | 0.6 | 7.3 | 7.8 | 8.4 | 9.1 | 9.9 | 10.8 | 11.9 | 13.2 | 14.8 | 16.8 |
| 4.4 | 0.6 | 7.8 | 8.3 | 9.0 | 9.7 | 10.5 | 11.5 | 12.6 | 14.1 | 15.7 | 17.9 |
| 4.7 | 0.6 | 8.2 | 8.8 | 9.5 | 10.3 | 11.2 | 12.2 | 13.4 | 14.9 | 16.7 | 17.9 |
| 5.0 | 0.6 | 8.7 | 9.3 | 10.1 | 10.9 | 11.8 | 12.9 | 14.1 | 15.8 | 17.6 | 19.0 |
| 5.3 | 0.6 | 9.1 | 9.8 | 10.6 | 11.5 | 12.5 | 13.6 | 14.9 | 16.6 | 18.6 | 20.0 |
| 5.6 | 0.6 | 9.6 | 10.3 | 11.1 | 12.0 | 13.1 | 14.3 | 15.6 | 17.5 | 19.5 | 21.1 |
| 5.9 | 0.6 | 10.1 | 10.8 | 11.6 | 12.7 | 13.8 | 15.0 | 16.4 | 18.3 | 20.5 | 22.1 |
| 6.2 | 0.6 | 10.5 | 11.3 | 12.2 | 13.3 | 14.4 | 15.7 | 17.1 | 19.2 | 21.4 | 23.2 |

# 第4章 日光温室建筑空间形态特征参数设计

在充分保证蔬菜作物生长和人工作业空间的前提下,高效利用太阳能,确保日光温室具有合理的采光、保温和蓄热性能,是日光温室高效生产的关键条件。然而,日光温室的采光、保温和蓄热特性,不但受外界环境和建造材料热工性能的影响,同时还受温室建筑空间形态特征的影响。日光温室建筑空间形态特征参数包括跨度、脊高、北墙高度、后屋面长度及仰角等参数。本章在第3章基础上,进一步结合建筑物理、建筑热过程、传热学等理论,研究太阳辐射与气象要素双重周期性热作用下,日光温室建筑空间形态特征参数与温室光照、光热的关联关系,提出不同地理纬度地区日光温室建筑空间形态特征参数优化设计方法。

## 4.1 传统日光温室建筑设计方法

日光温室是一个体形系数很大的设施农业建筑,以太阳能为主要资源,利用温室效应改善冬季蔬菜种植环境。其建筑空间由墙体(北、东、西墙体)、后屋面、前屋面、地面等围护结构构成(见图4.1)。温室的建筑空间几何尺寸以及建筑围护结构的构造方式与热工性能等都直接影响温室的光照特性保温与蓄热特性以及环境水平的调控能力,它们互相影响、互相制约。温室的高跨比(脊高与跨度之比)、后屋面水平投影长度和北墙高度构成日光温室的建筑空间形态特征参数。

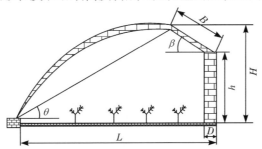

图 4.1 日光温室建筑构造示意图

日光温室自20世纪80年代在我国辽宁发展以来,其建筑设计先后经历了四个发展阶段[2]:按传统经验进行的初创阶段、按冬至日真正午时太阳光合理透过进行设计的第二阶段、按冬至日 10:00 太阳光合理透过进行设计的第三阶段和按冬至日太阳能合理截获进行设计的第四阶段。

### 4.1.1　按传统经验初创阶段

第一阶段始于 20 世纪 80 年代中期,以太阳能高效利用与低成本为总目标,就地取材,按照温室传统保温比概念,以地面积($W_s$)与地上覆盖表面积($W_o$)之比($W_s/W_o$)越大、保温能力越强,作为温室建筑空间形态特征参数的基本设计原则。该比值越大,说明温室的体形系数越小,这对营造温室热环境是有利的。不过,按此原则设计的日光温室建筑空间形态矮小,北墙和后屋面较厚,基本上是竹木结构。典型代表有感王式日光温室:跨度 5.5～6.0m,脊高 2.2～2.4m,北墙高度 1.5m,后屋面水平投影长度 2.0～2.5m。

### 4.1.2　按冬至日真正午时太阳光合理透过进行设计的第二阶段

第二阶段为 20 世纪 80 年代后期～90 年代中期。相较于第一阶段,该阶段在注重温室保温、蓄热、低成本的基础上,进一步关注了冬至日真正午时的合理透光,提出了日光温室保温比的新概念,即日光温室墙体和后屋面的保温能力与地面的相当,相应的日光温室保温比=(地面积 $W_s$+墙体面积 $W_h$+后屋面面积 $W_p$)/温室前屋面的面积 $W_f$。该设计理念改变了以往认为温室越高会导致保温比减小,日光温室不能增加高度的认识误区,并提出了日光温室蓄热和真正午时日光温室合理透光率的概念,将真正午时日光温室前屋面覆盖材料透光率与该覆盖材料最大透光率之比≥95%作为日光温室合理透光率,以此法得到的冬至日真正午时日光温室前屋面仰角即为设计值。

### 4.1.3　按冬至日 10:00～14:00 太阳光合理透过进行设计的第三阶段

第三阶段是 20 世纪 90 年代中期至 21 世纪初期,提出了冬至日日光温室最小采光时段内的合理透光率的设计理念,即冬至日 10:00～14:00 时段日光温室前屋面覆盖材料透光率与该覆盖材料最大透光率之比≥95%,由此得到的冬至日 10:00～14:00 时段日光温室前屋面仰角即作为设计值。

### 4.1.4　按冬至日太阳能合理截获进行设计的第四级阶段

第四阶段是 21 世纪以来,改变了以往日光温室节能设计只考虑太阳能合理透过,而不考虑太阳能合理获得的认识,提出了日光温室太阳能合理获得的设计理念;同时还提出进一步完善保温和蓄热理论及应用方法,增强环境调控、人工作业、资源高效利用等方面的意识。

## 4.2　日光温室建筑空间形态对光热环境影响分析

从 20 世纪 80 年代初我国第一代日光温室设计理念的提出,发展到今天的第四代日光温室,先后经历了注重保温、蓄热、低成本,到关注冬至日 $10:00\sim14:00$ 时段合理透光,再到今天的前屋面合理太阳能截获、资源高效利用、环境调控等阶段,我国日光温室设计理论和方法有了很大的进步和发展。然而,太阳辐射与气象要素双重周期性热作用的影响,决定了日光温室光热环境营造是一个复杂而多变的过程。一方面需要充分考虑日光温室前屋面光学性能和几何形状对所截获太阳光热能的动态影响规律,另一方面需要考虑温室围护结构具有阻挡截获的太阳能向外界流失的能力,以及可将白天截获的太阳能高效储存并延迟到夜晚释放的能力。显然,这些问题不仅与日光温室建筑空间形态特征参数科学的设计方法相关联,并且还需要更多关于建筑热物理、传热学、流体力学、建筑热过程等理论和方法作为支撑。

### 4.2.1　日光温室建筑热平衡方程

日光温室是一个相对封闭的设施农业建筑,这个系统不断地与外界进行能量交换,这种交换过程非常复杂。白天,太阳能以短波辐射的形式透过前屋面进入日光温室,一部分太阳能通过蔬菜作物光合作用被吸收消耗,另一部分太阳能投射到温室墙体表面和地面,这些表面吸收后向其内部传热、蓄存、升温,同时与温室内空气进行自然对流换热,致使温室内空气温度上升,升温后的空气又以对流换热的形式向周围环境散热,温室动态热平衡。夜间,太阳辐射作用消失,室内空气温度降低,各墙体及地面以对流和辐射换热的方式将其白天蓄存的部分能量逐步向温室环境及其他低温壁面(如前屋面、后屋面)放热,同时各壁面及地面将以导热的方式向室外界散热。随着夜间室外空气温度的不断下降,温室向外界流失的热量不断增大。显然,一天中夜间向外流失的热量最大。

根据能量守恒原理,可建立关于日光温室建筑热平衡方程式:

$$q = q_1 - u_1 \tag{4.1}$$

式中,$q$ 为向温室提供的热量,W;$q_1$ 为温室通过前屋面获得的太阳辐射热量,W;$u_1$ 为通过后屋面、墙体、前屋面、土壤等围护结构,以导热、辐射、对流方式向外界流失的热量,W。

由式(4.1)可知,当需要营造的温室热环境条件一定,如果想要减小向温室提供的热量,需要尽可能增大通过前屋面获得的太阳辐射并尽可能减少由于温差传热通过各围护结构向外界流失的热量。温室建筑空间形态特征参数的确定直接关系各围护结构的几何尺寸,进而影响其进光热量以及传热量的大小。

### 4.2.2　前屋面

前屋面透光面积的大小不仅决定了温室白天可接收太阳光热量的大小,而且直接关联夜间温室向外界流失热量的大小。大量分析结果表明,由于温室前屋面保温覆盖物的保温能力不及墙体,夜间约50%的热量是通过前屋面向外界流失的,而且随着前屋面面积的增大,该比例将进一步增大。也就是说,温室前屋面过大,虽然白天进入温室的太阳光热量增大了,但夜间通过其向外界流失的热量也随之加大。因此,合理的确定温室前屋面面积,对平衡温室太阳光热能,减少夜间温室供热量非常重要[38]。

### 4.2.3　北墙

太阳能以短波辐射的形式透过前屋面照射到温室墙体[北墙、东(西)山墙]内表面,其中一部分被反射到温室其他墙体表面或地面,一部分被墙体吸收后向其内部传热并蓄存在其内,两者的比例取决于墙体表面的吸收率(或反射率)。不同类型的表面对辐射的波长具有选择性,特别是对占太阳辐射绝大部分的可见光与近红外波段区具有显著的选择性。黑色表面对各种波长的辐射几乎全部吸收;而白色表面对不同波长的辐射反射率则不同,其中,可见光的反射率高达90%(见图4.2[9])。

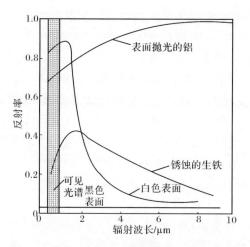

图4.2　各种表面在不同辐射波长下的反射率

对于太阳辐射,墙体的表面越粗糙,颜色越深,吸收率就越高,反射率则越低。表4.1[9]是不同材料的围护结构外表面对太阳辐射的吸收率。除抛光的表面外,一般建筑材料表面对太阳辐射的吸收率都比较高,约为0.9[9]。

表4.1　不同材料的围护结构外表面对太阳辐射的吸收率

| 材料类别 | 颜色 | 吸收率 | 材料类别 | 颜色 | 吸收率 |
|---|---|---|---|---|---|
| 石棉水泥板 | 浅 | 0.72~0.87 | 红砖墙 | 红 | 0.7~0.77 |
| 镀锌薄钢板 | 灰黑 | 0.87 | 硅酸盐砖墙 | 青灰 | 0.45 |

续表

| 材料类别 | 颜色 | 吸收率 | 材料类别 | 颜色 | 吸收率 |
|---|---|---|---|---|---|
| 拉毛水泥面墙 | 米黄 | 0.65 | 混凝土砌块 | 灰 | 0.65 |
| 水磨石 | 浅灰 | 0.68 | 混凝土墙 | 暗灰 | 0.73 |
| 外粉刷 | 浅 | 0.4 | 红褐陶瓦屋面 | 红褐 | 0.65~0.74 |
| 灰瓦屋面 | 浅灰 | 0.52 | 小豆石保护屋面层 | 浅黑 | 0.65 |
| 水泥屋面 | 素灰 | 0.74 | 白石子屋面 | — | 0.62 |
| 水泥瓦屋面 | 暗灰 | 0.69 | 油毛毡屋面 | — | 0.86 |

大量实测结果表明,透过前屋面进入温室内太阳能的 1/3 投射到了温室北墙体表面。显然,提高北墙体的太阳能集热、蓄热和保温能力,对提高温室太阳能利用率具有很重要的意义。而北墙体高度的合理确定,直接关系北墙体太阳能的集热面积,进而关系其对温室热环境的营造作用。

### 4.2.4　后屋面

日光温室后屋面内表面的日照时数有限,与北墙相比,后屋面主要起保温的作用,蓄热作用非常有限。作为非透明围护结构的后屋面,其几何尺寸大小与透明围护结构的前屋面直接相关,面积过大将影响前屋面的太阳光热截获能力,而面积过小又将导致温室屋面夜间热损失过大。因此,需要从建筑热平衡的角度进行综合考虑。

## 4.3　日光温室建筑空间形态特征参数优化设计方法

### 4.3.1　日光温室建筑热负荷

根据建筑热工理论以及日光温室建筑热过程分析,可构建温室的建筑热平衡式:

$$q = q_1 + q_2 - u_1 - u_2 - u_3 - u_4 - u_5 \tag{4.2}$$

式中,$q_2$ 为人体、照明和设备的发热量,W;$u_1$ 为前(后)屋面、北墙、地面、门等围护结构向外界流失热量,W;$u_2$ 为通过围护结构缝隙向外流失热量,W;$u_3$ 为温室内土壤、蔬菜作物等水分蒸发耗热量,W;$u_4$ 为温室通风耗热量,W;$u_5$ 为蔬菜作物生理生化过程中转化交换热量,W;$q_1$ 意义同式(4.1)。

考虑到温室内人体、照明和设备等的发热量不大,对温室热环境的贡献非常有限,因此可忽略。通常认为温室各围护结构相对比较密实,忽略通过围护结构缝隙向外界流失热量的影响;温室内土壤、蔬菜作物等所含水分蒸发所需热量均源自于温室内,水分蒸发过程只不过是将所得显热量以潜热量形式返还给温室,因此温室内土壤、蔬菜作物等所含水分蒸发耗热量可视为零。根据 2.2 节分析结果,被植物吸收的太阳能 70% 以上转化为热能,用于植物蒸腾和与周围环境进行热量交换,后又释放到温室环境中,即蔬菜作物生理生化过程中转化交换热量同样可视为零。因此,式(4.1)实际为式(4.2)的简化形式。

对于式(4.1),$q>0$ 说明温室得到的太阳能大于温室向外界流失热量,利用太阳能即可维持温室要求的热环境;$q<0$ 说明温室得到的太阳能不足以抵消温室向外界流失热量,需要向温室提供额外热量,以维持温室要求的热环境,以确保蔬菜作物正常生长。

### 1. 温室获得的太阳辐射热量 $q_1$

透过前屋面进入温室内的太阳辐射热量为

$$q_1 = \tau I F_b \tag{4.3}$$

式中,$\tau$ 为前屋面薄膜透过率(主要与太阳入射角有关,3.4.1 节给出了详细的计算式),%;$I$ 为投射在前屋面的太阳总辐射强度(可查阅当地气象数据),$W/m^2$;$F_b$ 为日光温室前坡屋面积,$m^2$。

### 2. 温室围护结构向外界流失热量 $u_1$

温室围护结构主要包括前屋面、后屋面、地面、墙体。大量实测结果表明,距离土壤表面 20cm 以下深度的地温已相对比较稳定,变化不大,因此从地面传输的热量可以不考虑[39]。

(1) 温室前屋面流失热量 $u_{1f}$。温室前屋面流失热量需要按白天和夜间分别计算,白天仅考虑薄膜的传热热阻,夜间需要考虑保温覆盖物的传热热阻。

白天,

$$u_{1f} = K_f F_f (t_w - t_n) \tag{4.4}$$

夜间,

$$u'_{1f} = K'_f F_f (t_w - t_n) \tag{4.5}$$

式中,$K_f$ 为前屋面白天(保温覆盖物卷起)的传热系数(见 2.3 节),$W/(m^2 \cdot ℃)$;$K'_f$ 前屋面夜间(保温覆盖物)的传热系数(见 2.3 节),$W/(m^2 \cdot ℃)$;$t_w$ 为室外空气设计温度(见附录),℃,;$t_n$ 为维持温室热环境必要的温室内空气设计温度,℃;$F_f$ 为温室前屋面面积,$m^2$。

(2) 温室后屋面流失热量 $u_{1b}$。

$$u_{1b} = K_b F_b (t_w - t_n) \tag{4.6}$$

式中,$K_b$ 为后屋面传热系数(见 2.3 节),$W/(m^2 \cdot ℃)$;$F_b$ 为温室后屋面面积,$m^2$。

(3) 温室墙体[北墙、东(西)山墙]流失热量 $u_{1h}$。

对于采用了砌块砖或土质体这类重质建筑材料的墙体,在考虑墙体的保温特性时,还需要考虑墙体的蓄热特性。关于墙体的蓄热特性,不能采用类似前屋面和后屋面的稳态传热计算方法,需要考虑其动态传热特性,可采用动态能耗模拟软件(如 EnergyPlus)进行计算分析。

### 4.3.2 优化设计目标函数与约束条件

日光温室反季节生产期间,为了达到温室不加热或尽可能少加热的目的,优化温室建筑空间形态特征参数是关键。根据优化控制理论,以满足式(4.1)等号左侧的向温室提供的热量最小为控制目标函数[式(4.7)];以一年中太阳高度角最高时的夏至日(也可根据种植蔬菜作物的具体情况确定)种植区最后一排作物的冠层能接受到太阳照射为约束条件之一,有式(4.8)成立,可以一年中室外环境最低时的大寒日北墙可以全部接受到太阳照射为约束条件之二,则有式(4.9)成立。

$$q_{\min} = \min(q_1 - u_{1f} - u'_{1f} - u_{1b} - u_{1h}) \qquad (4.7)$$

式中,$u_1 f$、$u'_{1f}$、$u_{1b}$、$u_{1h}$ 为各围护结构瞬时散热量,计算方法详见 4.4.1 节。

$$\frac{H - L_p}{\sqrt{(H - L_p)^2 + (C - P)^2}} \geq \sin h_s \qquad (4.8)$$

$$h < H - C \tan h_c \qquad (4.9)$$

式中,$H$ 为日光温室脊高,m;$L_p$ 为植株高度(一般取 2m),m;$C$ 为后屋面水平面投影长度,m;$P$ 为温室走道宽度(一般取 0.8m),m;$h_s$ 为当地夏至日正午的太阳高度角;$h_c$ 为当地大寒日正午的太阳高度角。

### 4.3.3 日光温室建筑空间特征参数变化对热负荷的影响规律

本节利用能耗模拟软件 EnergyPlus,以北京地区跨度为 10m 的日光温室为分析对象,基于 4.3.2 的约束条件,采用变量控制法,对日光温室建筑空间特征参数变化对温室热负荷的影响规律进行计算分析。

1. EnergyPlus 能耗动态计算软件

EnergyPlus 是由美国能源部(United States Department of Energy)和劳伦斯伯克利国家实验室(Lawrence Berkeley National Laboratory, LBNL)共同开发,是一个建筑能耗逐时模拟引擎,采用集成同步的负荷/系统/设备的模拟方法。在计算负荷时,时间步长可以由用户选择,一般为 10～15min;在系统的模拟中,软件会自动设定更短的步长(小至 1min,大至 1h),以便更快的收敛。EnergyPlus 采用导热传递函数计算墙体传热,采用热平衡法计算建筑热负荷。EnergyPlus 采用三维有限差分土壤模型和简化的解析方法对土壤传热进行模拟,采用传热传质模型对墙体的热湿传递进行模拟,采用天空各向异性的天空模型以改进倾斜面的天空散射强度,在每个时间步长,程序自建筑内表面开始计算热流、辐射和传湿[40]。

2. 物理模型

计算温室物理模型如图 4.3 所示,为了简化计算,作如下假设[41]:

（1）在构建日光温室模型时,将日光温室前屋面按照倾角不同分成三个首尾相接的平面,近似代替曲面。

（2）忽略土壤水分蒸发对温室热环境的影响,忽略围护结构的湿传递。

（3）忽略日光温室内空气对太阳能的吸收作用,认为空气温度分布均匀,忽略温室内空气流动对温度场产生的影响。

（4）由于前屋面薄膜的厚度很薄,热容很小,因此忽略薄膜的蓄热且认为薄膜温度均匀相等。

（5）假设温室土壤结构均匀,物性参数为定值,不考虑土壤的湿传递。

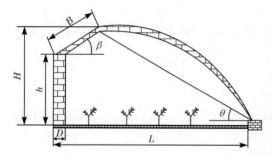 

图 4.3　计算温室物理模型

3. 基本计算条件

图 4.4 为北京地区供暖季标准气象年室外气象参数,分别按变化脊高、后屋面水平投影长度和北墙高度三种工况进行计算（见表 4.2）。

表 4.2　计算条件

| 工况 | 跨度/m | 脊高/m | 后屋面水平投影长度/m | 北墙高度/m |
|---|---|---|---|---|
| 1 | 10 | 4.4~6.0 | 1.5 | 3.5 |
| 2 | 10 | a | 1.0~2.0 | 3.5 |
| 3 | 10 | a | b | 3.3~4.5 |
| 4 | 6~15 | a | b | c |

注:a 表示通过工况 1 最终优化得到的脊高,m;b 表示通过工况 2 优化得到的后屋面屋面投影长度,m;c 表示通过工况 3 优化得到的北墙高度。

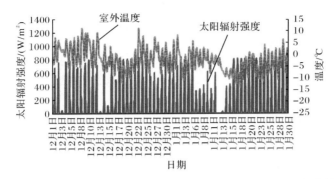

图 4.4　北京地区冬季 12 月～次年 1 月标准气象年室外气象参数

4. 计算结果

1) 脊高

图 4.5 反映了脊高变化对温室越冬生产需要向温室提供热量的影响规律(工况 1)。图示结果表明,北京地区跨度为 10m 的日光温室,当温室脊高为 5.3m 时,冬季最冷时段 1～2 月需要向温室补充供热的累计供热量最小,即式(4.7)中的 $q_{min}$。因此,北京地区 10m 跨度温室的脊高可考虑按 5.3m 设计。

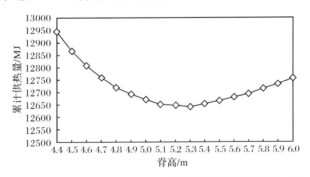

图 4.5　北京地区日光温室越冬生产累计供热量与脊高(工况 1)

2) 后屋面水平投影长度

图 4.6 反映了后屋面水平投影长度变化对温室越冬生产需要向温室提供热量的影响规律(工况 2)。图示结果表明,随着后屋面水平投影长度的增加,虽然越冬生产期间需要向温室提供的热量减少了,但同时也意味着温室前屋面在不断减少,这显然对温室蔬菜作物获得足够的太阳光照是不利的。为了确保温室内最后一排作物接受光照的时间满足约束条件[式(4.8)]的要求,北京地区 10m 跨度温室的后屋面水平投影长度可考虑按 1.8m 设计。

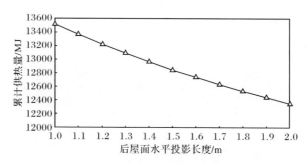

图 4.6　北京地区日光温室越冬生产累计供热量与后屋面水平投影长度(工况 2)

3) 北墙高度

图 4.7 反映了北墙高度对日光温室越冬生产需要向温室提供热量的影响规律(工况 3)。随着北墙高度的不断增加,越冬生产期间需要向温室提供的热量随之减小,这是因为北墙体白天利用其集热、蓄热与保温于一体的热工特性高效蓄积了太阳,为夜间温室热环境的营造提供了热能补充条件。但是北墙体过高会增加温室建造成本,同时受后屋面遮挡的影响,其可接受太阳光照的光斑面积增加有限,进而影响其太阳能蓄热能力的提升。综合考虑约束条件式(4.9)的要求,北京地区 10m 跨度温室的北墙高度可考虑按 4.2m 设计。实际上,在冬至日至大寒日时段 12 点以后,北墙体 4.2m 以上的区域已进入日影区域,接受不到光照。

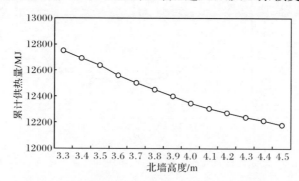

图 4.7　北京地区日光温室越冬生产累计供热量与北墙高度(工况 3)

4) 跨度变化的影响

基于上述分析,进一步对北京地区跨度为 6～15m 日光温室建筑空间形态特征参数进行优化设计计算。图 4.8 计算结果表明,随着温室跨度的增加,北墙高度呈较强的不断增高趋势,在 2.5～6.2m 变化;后屋面呈较弱的不断增长趋势,在 0.9～2.5m 变化;而高跨比则呈缓慢下降的趋势,为 0.51～0.53。这是因为随着跨度的增大,日光温室的建筑空间也随之增大,显然过大的建筑空间,对温室的热环境营造是不利的,需要向温室提供更多的热量。

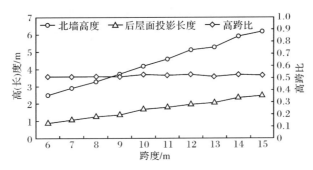

图 4.8　北京地区日光温室建筑空间形态特征参数与跨度

图 4.9 反映了北京地区日光温室越冬生产期间（12 月 1 日～次年 1 月 31 日），随着跨度变化相应的日光温室所需最小供热量的变化规律。随着跨度的增大，需要向日光温室所提供的热量呈近似指数规律上升。显然，对于不加温温室，为了确保蔬菜作物必要的生长热环境，需要充分考虑可再生能源的保证率与温室跨度的合理匹配。

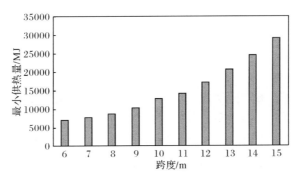

图 4.9　北京地区日光温室越冬生产期间最小供热量与跨度（12 月 1 日～次年 1 月 31 日）

5）节能效果比较

为了评价优化设计方法的节能性，分别计算并比较"优化设计温室"与"现行温室"在越冬生产期间（12 月 1 日～次年 1 月 31 日）需要提供的热量（见图 4.10）。

两温室均为东西向，朝向为南偏西 5°，长度为 80m，跨度为 8 m，墙体均为 240mm 厚砌块砖墙，墙体外侧采用 100mm 聚苯板保温材料，前屋面采用 0.12 mm 厚的 EVA 薄膜，夜间覆盖 40 mm 厚保温覆盖物，后屋面采用内夹 100mm 聚苯板保温材料彩钢板。另外，"优化设计温室"的脊高为 4.2m，北墙高度为 3.3m，后屋面水平投影长度为 1.5m；"现行温室"的脊高为 3.5m，北墙高度为 2.8m，后屋面水平投影长度为 0.9m。

图 4.10 计算结果表明，日光温室越冬生产期间（12 月 1 日～次年 1 月 31

日），在确保温室环境温度不低于 8℃的条件下，需要向"优化设计温室"提供的热量为 8340MJ，较"现行温室"的 9670MJ 减少了 14.7%，为温室全部利用太阳能或其他可再生能源作为补充热源提供了有利条件，由此也说明，科学的日光温室建筑设计方法对日光温室高效节能生产的重要性。

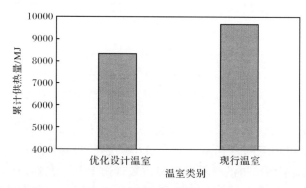

图 4.10　北京地区日光温室越冬生产期间供热量分析（12 月 1 日～次年 1 月 31 日）

## 4.4　不同纬度地区日光温室建筑空间形态特征参数设计

作者从日光温室绿色建筑设计的角度，以日光温室前屋面截获太阳能最大为基本原则，以日光温室越冬喜温果蔬菜作物关键生产期可获得的日照时间和日照质量为控制条件；基于太阳辐射与气象要素双重周期性热作用的日光温室建筑朝向及其建筑空间形态特征与温室光照、光热的关联关系，结合 4.3 节提出的日光温室建筑空间形态特征参数优化设计方法以及分析结果；并以日光温室越冬喜温果蔬菜作物生长关键期夜间维持必要热湿环境条件所需提供的供热量最小为控制目标，以最后一排蔬菜作物在夏至日全天可接受到太阳照射等为约束条件，构建基于多元极值理论的日光温室建筑空间形态特征参数优化设计计算简化模型。利用该模型，可以给出不同地理纬度地区日光温室建筑空间形态特征参数的优化设计推荐值，即温室的高跨比（脊高与跨度之比）、后屋面水平投影长度和北墙高度。

### 4.4.1　简化计算模型

当建设工程场地的地理纬度、温室需要确保的蔬菜生产关键时期及需要建造的日光温室跨度确定，查阅对应时期当地的室外空气平均温度和日平均太阳辐射总量（见附录），即可计算得到对应跨度条件下日光温室的高跨比、后屋面水平投影长度,以及北墙高度等日光温室建筑空间形态特征参数的优化设计值。

1. 确定基本计算参数

查阅当地的经度 $\beta$ 和纬度 $\phi$,确定设计温室的跨度以及温室需要确保的蔬菜生产关键时期,并查阅对应时期当地的室外空气平均温度和日平均太阳辐射总量。

2. 计算夏至日、大寒日正午时刻的太阳时角

$$\omega = 15\left(\frac{\beta-\beta_s}{15} + \frac{e}{60}\right) \tag{4.10}$$

式中,$\omega$ 为太阳时角,(°);$\beta_s$ 为所在地区标准时间的经度(例如,中国采用北京所在的东八时区的区时作为标准时间,为 $120°$);$e$ 为全年各日的时差,min。

$$e = 9.87\sin 2B - 7.53\cos B - 1.5\sin B \tag{4.11}$$

式中,$B$ 为系数,在夏至日表示为 $B_s$,大寒日表示为 $B_c$。

$$B_s = \frac{360(n-81)}{364} \tag{4.12}$$

$$B_c = \frac{360(n-81)}{364} \tag{4.13}$$

式中,$n$ 为夏至日、大寒日在一年中的日期序号。

3. 计算夏至日、大寒日的赤纬角

$$\delta_s = 23.45\sin\left(360 \times \frac{284+n}{365}\right) \tag{4.14}$$

$$\delta_c = 23.45\sin\left(360 \times \frac{284+n}{365}\right) \tag{4.15}$$

式中,$\delta_s$ 和 $\delta_c$ 分别为为夏至日和大寒日赤纬角,(°);$n$ 为夏至日、大寒日在一年中的日期序号。

4. 计算夏至日、大寒日的太阳高度角

$$\sin h_s = \sin\phi\sin\delta_s + \cos\phi\cos\delta_s\cos\omega_s \tag{4.16}$$

$$\sin h_c = \sin\phi\sin\delta_c + \cos\phi\cos\delta_c\cos\omega_c \tag{4.17}$$

式中,$h_s$ 和 $h_c$ 分别为夏至日和大寒日太阳高度角,(°);$\delta_s$ 和 $\delta_c$ 分别为夏至日和大寒日赤纬角,(°);$\phi$ 为当地纬度;$\omega_s$ 和 $\omega_c$ 分别为夏至日和大寒日太阳时角,(°),由式(4.10)计算可得。

5. 计算日光温室高跨比

$$\frac{H}{L} = 0.4301 + 0.0008249\,\overline{t}_s + 0.007702\,\overline{I}_S \tag{4.18}$$

式中,$H$ 为日光温室脊高,m;$L$ 为日光温室跨度,m;$\overline{t}_s$ 为对应需要确保的蔬菜生产关键时期的当地室外平均温度,℃;$\overline{I}_S$ 为对应需要确保的蔬菜生产关键时期的当地日平均太阳辐射总量,MJ/(m² · d)。

6. 计算日光温室后屋面投影长度

$$C = \sqrt{\left(\frac{H-L_p}{\sin h_s}\right)^2 - (H-L_p)^2} + P \tag{4.19}$$

式中,$C$ 为后屋面投影长度,m;$L_p$ 为植株高度(一般取 2m),m;$h_s$ 为当地夏至日正午时刻太阳高度角;$P$ 为温室走道宽度(一般取 0.8m),m。

7. 计算日光温室北墙高度

$$H_w = H - \left[\sqrt{\left(\frac{H-L_p}{\sin h_s}\right)^2 - (H-L_p)^2} + P\right]\tan h_c \tag{4.20}$$

式中,$H_w$ 为日光温室北墙高度,m;$h_c$ 为当地大寒日正午时刻太阳高度角,(°)。

### 4.4.2　我国优势种植地区推荐值

当建设工程场地的地理纬度、温室需要确保的蔬菜生产关键时期及需要建造的日光温室跨度确定,根据不同纬度地区日光温室建筑空间形态特征参数简化计算模型[式(4.10)~式(4.20)],即可计算得到对应跨度条件下日光温室的高跨比、后屋面水平投影长度和北墙高度等日光温室建筑空间形态特征参数的优化设计值。

选取分别位于东北温带区、黄淮海地区与环渤海暖温区、西北温带干旱及青藏高寒区的沈阳、北京、石家庄、寿光、银川、西安、西宁、兰州以及乌鲁木齐等作为代表地区,给出越冬反季节生产条件下,各地区跨度为 10m 日光温室建筑空间形态特征参数设计推荐值(见表 4.3)。

**表 4.3　我国优势种植地区日光温室建筑空间形态特征参数设计推荐值**

| 城市 | 纬度 | 越冬室外平均温度/℃ | 越冬室外日平均总辐射量/MJ | 简化计算模型推荐值 | | | | |
|---|---|---|---|---|---|---|---|
| | | | | 建筑朝向 | 跨度/m | 高跨比 | 后屋面水平投影长度/m | 北墙高度/m |
| 乌鲁木齐 | 43.9°N | −11.1 | 4.28 | 南偏西 9.7° | 10 | 0.45 | 3.0 | 3.9 |

续表

| 城市 | 纬度 | 越冬室外平均温度/℃ | 越冬室外日平均总辐射量/MJ | 简化计算模型推荐值 | | | | |
|---|---|---|---|---|---|---|---|---|
| | | | | 建筑朝向 | 跨度/m | 高跨比 | 后屋面水平投影长度/m | 北墙高度/m |
| 沈阳 | 41.7°N | −9.5 | 8.3 | 南偏西7.3° | 10 | 0.49 | 1.8 | 4.0 |
| 北京 | 39.8°N | −2.1 | 11.2 | 南偏西6.2° | 10 | 0.52 | 1.8 | 4.2 |
| 石家庄 | 38.0°N | −1.2 | 7.2 | 南偏西5.4° | 10 | 0.48 | 1.8 | 3.9 |
| 银川 | 37.9°N | −5.7 | 15.1 | 南偏西5.4° | 10 | 0.54 | 1.9 | 4.5 |
| 寿光 | 37.5°N | −1.9 | 5.5 | 南偏西5.1° | 10 | 0.47 | 1.8 | 4.6 |
| 西宁 | 36.6°N | −6.6 | 11.87 | 南偏西4.5° | 10 | 0.52 | 2.5 | 4.0 |
| 兰州 | 36.1°N | −4.3 | 6.3 | 南偏西4.0° | 10 | 0.48 | 2.1 | 3.7 |
| 西安 | 34.3°N | 0.5 | 4.69 | 南偏西1.6° | 10 | 0.46 | 1.9 | 3.6 |

从表4.3的计算结果可以看出,日光温室的高跨比与越冬生产室外平均温度以及日平均太阳总辐射量密切相关。室外空气温度越低、太阳辐射强度越弱,高跨比越小,但其中太阳辐射强度影响程度更大。例如,高跨比较大的北京与银川地区,其室外日平均太阳总辐射量均达到11MJ以上;而高跨比较小的西安地区,其室外日平均太阳总辐射量仅4.69MJ。另外,室外温度越低,太阳辐照强度越弱,在满足蔬菜作物所必需的光照要求的同时,温室的保温效果越好对其越有利。再者,温室的后屋面水平投影长度越长,北墙高度与脊高之比也会越大,这对利用北墙蓄热是有利的。

# 第5章 日光温室建筑围护结构热工性能设计方法

## 5.1 建筑围护结构热工性能评价指标

根据建筑围护结构的传热过程分析,表征温室墙体热工性能的指标通常有墙体热阻 $R$、墙体材料比热容 $c$、墙体材料蓄热系数 $S$、墙体热惰性指标 $D$、墙体温度、墙体有效蓄热量、日蓄热量和日放热量等。

### 5.1.1 热阻

墙体热阻表征墙体结构本身阻抗传热能力,也可表述为热量从墙体材料层的一侧传至另一侧所受到的总阻抗大小,反映墙体材料层对热流波的阻抗能力。对于多层匀质结构墙体,墙体热阻计算见式(2.5)。墙体热阻只与墙体层的厚度及墙体材料的热导率有关,墙体材料的热导率越小,墙体越厚,墙体热阻就越大;反之则越小。温室墙体热阻越大,说明墙体材料层的保温性能越好,传热能力则越弱。另外,不同墙体材料层放置位置对墙体热阻大小没有影响。

冬季反季节蔬菜生产中,日光温室墙体和后屋面内表面必须维持一定的温度,一方面确保蔬菜作物正常生长的需要,另一方面防止内表面温度过低而在其表面结露,以免围护结构表面滋生霉菌。防止日光温室墙体、后屋面内表面不结露的基本条件为式(5.1)和式(5.2),即围护结构内表面不结露的最小传热阻 $R_{o,min}$ 应满足式(5.2)。

$$\frac{t_n - \tau_n}{R_n} = a \frac{t_n - t_w}{R_{o,min}} \qquad (5.1)$$

$$R_{o,min} = R_n \frac{a(t_n - t_w)}{t_n - \tau_n} \qquad (5.2)$$

式中,$t_w$ 为冬季围护结构室外空气设计温度,℃;$R_n$ 为围护结构室内对流换热系数,W/(m²·℃);$\tau_n$ 为当不允许围护结构内表面结露时室内空气露点温度,℃。

### 5.1.2 墙体材料比热容

墙体材料比热容表示单位质量的材料在温度升高或降低1℃时所需吸收或放出的热量,表征了墙体材料容纳或释放热量能力的物理量。若要提高温室墙体的蓄热能力,增大墙体材料的比热容是提高温室墙体蓄热能力的重要途径之一。

### 5.1.3　墙体材料蓄热系数

墙体材料的蓄热系数表示墙体层一侧受到谐波作用时,墙体表面温度将按照同一周期波动,通过墙体表面的热流波幅与表面的温度波幅的比值越大,说明墙体材料的热稳定性越好,常物性材料的蓄热系数通常用式(5.3)表示。

$$S = \sqrt{\frac{2\pi\lambda c\rho}{T_\text{P}}} \tag{5.3}$$

式中,$\lambda$ 为墙体材料的热导率,W/(m·℃);$c$ 为墙体材料的比热容,J/(kg·℃);$\rho$ 为墙体材料的密度,kg/m³;$T_\text{P}$ 为墙体外部热流波与温度波的作用周期,h,作用于日光温室的周期一般为24h。

由式(5.3)可知,当墙体外部热流波与温度波的作用周期一定时,由于重质材料(如砌块砖)的密度、比热容及导热系数都大,因此重质材料的蓄热系数也大;而轻质材料(如聚苯板保温材料)的密度、导热系数都小,而比热容与砌块砖的相差不大,因此轻质材料的蓄热系数也小。

### 5.1.4　墙体热惰性指标

墙体热惰性指标表征墙体对温度波衰减快慢程度,是无量纲的指标,工程中一般采用墙体热惰性指标评价墙体的热性能,反映墙体材料层抵抗温度波动能力的特性,可用式(5.4)表示。显然,热惰性指标越大,表明对温度波的衰减能力越强,墙体的热稳定性越好,对营造稳定的温室热环境越有利。

$$D = \sum_{i=1}^{nt} D_i = \sum_{i=1}^{nt} R_i S_i \tag{5.4}$$

式中,$R_i$ 为第 $i$ 层墙体的热阻,m²·℃/W;$S_i$ 为第 $i$ 层墙体的蓄热系数,W/(m²·℃)。

由于轻质材料的蓄热系数很小,相应的热惰性指标也较小。若要提高墙体的热惰性指标,增强墙体的热稳定性,需要选用蓄热系数大的建筑材料。另外,墙体热惰性指标大小不受墙体材料层所在位置变化的影响。

### 5.1.5　墙体蓄(放)热量

1. 有效蓄热量

对于不同结构墙体,可根据式(5.5)或式(5.6)计算出蓄热墙体的有效蓄热量 $Q_\text{Eff}$ 或 $q_\text{Eff}$。实际上,温室墙体有效蓄热量求解的关键是墙体沿厚度方向温度场的求解。

$$Q_\text{Eff} = \sum_{i=1}^{nt} \sum_{j=1}^{U_i} \rho_{i,j} A_{i,j} \Delta x_{i,j} \int_{T_0}^{T} c_{i,j}(t)\,\mathrm{d}t \tag{5.5}$$

$$q_{\text{Eff}} = \sum_{i=1}^{nt} \sum_{j=1}^{U_i} \rho_{i,j} A_{i,j} \Delta x_{i,j} \int_{T_0}^{T} c_{i,j}(t)\,\mathrm{d}t \Big/ \sum_{i=1}^{nt} \sum_{j=1}^{U_i} A_{i,j} \Delta x_{i,j} \qquad (5.6)$$

式中,$nt$ 为墙体材料层的总层数;$U_i$ 为第 $i$ 层墙体材料层的薄层总数;$A$ 为计算薄层的面积,$\mathrm{m}^2$;$T_0$ 为墙体蓄热量的计算温度起始值(通常可按生物学零度取值),℃。

如果 $T_t \leqslant T_0$,则 $\int_{T_0}^{T} c_{i,j}(t)\,\mathrm{d}t = 0$

#### 2. 墙体日蓄热量

白天,在日光温室保温覆盖物开启时段($t_1 \sim t_2$)(见 3.4.2 节),太阳光透过前屋面照射到温室墙体表面,墙体温度升高,蓄热量随之增加。墙体日蓄热量为

$$Q_{\text{ehs}} = Q_{\text{Eff}}^{16:00} - Q_{\text{Eff}}^{9:00} \qquad (5.7)$$

式中,$Q_{\text{ehs}}$ 为墙体日蓄热量,$\mathrm{J/m}^2$;$Q_{\text{Eff}}^{16:00}$ 为保温覆盖物关闭时(16:00)墙体的有效蓄热量,$\mathrm{J/m}^2$;$Q_{\text{Eff}}^{9:00}$ 为保温覆盖物开启时(9:00)墙体的有效蓄热量,$\mathrm{J/m}^2$。

#### 3. 墙体日放热量

夜间,在日光温室保温覆盖物关闭时段($t_2 \sim$ 次日 $t_1$),随着温室内空气温度逐渐下降,墙体开始向室内释放白天蓄积的太阳能热量,直至次日早晨保温覆盖物开启。墙体日放热量为

$$Q_{\text{ehr}} = Q_{\text{Eff}}^{16:00} - Q_{\text{Eff}}^{9:00\text{day}+1} \qquad (5.8)$$

式中,$Q_{\text{ehr}}$ 为墙体日放热量,$\mathrm{J/m}^2$;$Q_{\text{Eff}}^{9:00\text{day}+1}$ 为次日保温被开启时(9:00day+1),温室墙体的有效蓄热量,$\mathrm{J/m}^2$。

## 5.2 日光温室常见围护结构材料及其热工性能

### 5.2.1 后墙和后屋面

用于日光温室墙体的重质材料主要有混凝土预制件、各种石头、砖和黏土等,其主要热工参数性能见表 5.1[2]。

用于日光温室墙体和后屋面的轻质保温材料主要有聚苯板、矿棉、岩棉、玻璃棉、锅炉渣、硅藻土、锯末、稻壳、稻草、切碎稻草、膨胀珍珠岩、聚乙烯泡沫塑料等,其热工性能参数见表 5.2[2]。

**表 5.1　常见建筑墙体材料主要热工性能参数**

| 类别 | 材料名称 | 密度 /(kg/m³) | 热导率 /[W/(m·℃)] | 比热容 /[W/(kg·℃)] | 蓄热系数 /[W/(m²·℃)] |
|---|---|---|---|---|---|
| 混凝土 | 钢筋混凝土 | 2500 | 1.74 | 0.26 | 17.20 |
| | 碎石、卵石混凝土 | 2300 | 1.51 | 0.26 | 15.36 |
| | 膨胀矿渣混凝土 | 2000 | 0.77 | 0.27 | 10.49 |
| | 自然煤矸石、炉渣混凝土 | 1700 | 1.00 | 0.29 | 11.68 |
| | 粉煤灰陶粒混凝土 | 1700 | 0.95 | 0.29 | 11.40 |
| | 黏土陶粒混凝土 | 1600 | 0.84 | 0.29 | 10.36 |
| | 页岩渣、石灰、水泥混凝土 | 1300 | 0.52 | 0.29 | 7.39 |
| | 页岩陶粒混凝土 | 1500 | 0.77 | 0.27 | 9.65 |
| | 火山灰渣、沙、水泥混凝土 | 1700 | 0.57 | 0.29 | 6.30 |
| | 浮石混凝土 | 1500 | 0.67 | 0.16 | 9.09 |
| | 加气混凝土、泡沫混凝土 | 700 | 0.22 | 0.29 | 3.59 |
| 砌块 | 草泥 | 1000 | 0.35 | 0.29 | 5.10 |
| | 自然干燥土壤 | 1800 | 1.16 | 0.23 | 11.25 |
| | 花岗岩、玄武岩 | 2800 | 3.48 | 0.26 | 25.40 |
| | 砂岩、石英岩 | 2400 | 2.03 | 0.26 | 17.98 |
| | 矿渣砖 | 1400 | 0.58 | 0.21 | 6.67 |
| | 矿渣砖 | 1140 | 0.42 | 0.21 | 5.00 |
| | 空心砖 | 1500 | 0.64 | 0.26 | 8.00 |
| | 空心砖 | 1200 | 0.52 | 0.26 | 6.45 |
| | 空心砖 | 1000 | 0.46 | 0.26 | 5.54 |
| | 土坯墙 | 1600 | 0.70 | 0.29 | 9.16 |
| | 夯实草泥或黏土墙 | 2000 | 0.93 | 0.23 | 10.56 |
| 砌体 | 形状整齐的石砌体 | 2680 | 3.19 | 0.26 | 23.90 |
| | 重砂浆黏土砖砌体 | 1800 | 0.81 | 0.29 | 10.60 |
| | 轻砂浆黏土砖砌体 | 1700 | 0.76 | 0.29 | 9.96 |
| | 灰砂砖砌体 | 1900 | 1.10 | 0.29 | 12.72 |
| | 炉渣砖砌体 | 1700 | 0.81 | 0.29 | 10.43 |
| | 硅酸盐砖砌体 | 1800 | 0.87 | 0.29 | 11.11 |
| | 轻砂浆多孔砖砌体 | 1350 | 0.58 | 0.24 | 7.02 |
| | 重砂浆空心砖砌体 | 1300 | 0.52 | 0.24 | 6.55 |

表 5.2　常见建筑保温材料主要热工性能参数

| 材料名称 | 密度 /(kg/m³) | 热导率 /[W/(m·℃)] | 比热容 /[W/(kg·℃)] | 蓄热系数 /[W/(m²·℃)] |
|---|---|---|---|---|
| 矿棉、岩棉、玻璃棉板 | <80 | 0.050 | 0.34 | 0.59 |
| | 80～200 | 0.045 | 0.34 | 0.75 |
| 矿棉、岩棉、玻璃棉毡 | <70 | 0.050 | 0.37 | 0.58 |
| | 70～200 | 0.045 | 0.37 | 0.77 |
| 矿棉、岩棉、玻璃棉松料 | <70 | 0.050 | 0.23 | 0.46 |
| | 70～120 | 0.045 | 0.23 | 0.51 |
| 聚苯板(聚苯乙烯泡沫塑料板) | 20～30 | 0.031～0.042 | 0.38 | 0.36 |
| 水泥膨胀珍珠岩 | 400～800 | 0.160～0.260 | 0.33 | 2.49～4.37 |
| 沥青、乳化沥青珍珠岩 | 300～400 | 0.093～0.120 | 0.43 | 1.77～2.28 |
| 水泥膨胀蛭石 | 350 | 0.14 | 0.29 | 1.99 |
| 聚乙烯泡沫塑料 | 100 | 0.047 | 0.38 | 0.70 |
| 聚氨酯硬泡沫塑料 | 30 | 0.033 | 0.38 | 0.36 |
| 聚氯乙烯硬泡沫塑料 | 130 | 0.048 | 0.38 | 0.79 |
| 锯末 | 250 | 0.093 | 0.70 | 2.03 |
| 干木屑 | 150～350 | 0.064～0.093 | 0.70 | 1.84～3.55 |
| 稻壳(砻糠) | 155 | 0.084 | 0.52 | 1.32 |
| 稻草 | 320 | 0.093 | 0.42 | 1.80 |
| 芦苇 | 400 | 0.139 | 0.41 | 2.42 |
| 切碎稻草填充物 | 120 | 0.046 | 0.42 | 0.77 |
| 稻草板 | 300 | 0.13 | 0.47 | 2.33 |
| 空气(20℃) | 1.2 | 0.023 | 0.28 | 0.05 |
| 松木(热流方向垂直木纹) | 500 | 0.140 | 0.70 | 3.85 |
| 松木(热流方向顺木纹) | 500 | 0.290 | 0.70 | 5.55 |
| 胶合板 | 600 | 0.170 | 0.70 | 4.57 |
| 软木板 | 150～300 | 0.058～0.093 | 0.53 | 1.09～1.95 |
| 纤维板 | 600～1000 | 0.230～0.340 | 0.70 | 5.28～8.13 |
| 石棉水泥板 | 1800 | 0.520 | 0.29 | 8.52 |
| 石棉水泥隔热板 | 500 | 0.160 | 0.29 | 2.58 |
| 石膏板 | 1050 | 0.330 | 0.29 | 5.28 |
| 水泥刨花板 | 700～1000 | 0.190～0.340 | 0.56 | 4.56～7.27 |
| 锅炉渣 | 1000 | 0.290 | 0.26 | 4.40 |

续表

| 材料名称 | 密度 /(kg/m³) | 热导率 /[W/(m·℃)] | 比热容 /[W/(kg·℃)] | 蓄热系数 /[W/(m²·℃)] |
|---|---|---|---|---|
| 粉煤灰 | 1000 | 0.230 | 0.26 | 3.93 |
| 浮石 | 600 | 0.230 | 0.26 | 3.05 |
| 膨胀蛭石 | 200～300 | 0.100～0.140 | 0.29 | 1.24～1.79 |
| 硅藻土 | 200 | 0.076 | 0.26 | 1.00 |
| 膨胀珍珠岩 | 80～120 | 0.058～0.070 | 0.33 | 0.63～0.84 |

### 5.2.2　前屋面

#### 1. 塑料薄膜

日光温室前屋面上覆盖的塑料薄膜直接影响太阳光、热能的透过能力。要求材料透光率高，保温性能好（贯流放热率低），同时还应具有无滴和耐候性强等特点。目前，生产上应用的塑料薄膜主要有 PVC 膜、PE 膜、EVA 膜、聚烯烃（PO）膜。其中，PVC 膜保温性好，但易受污染而降低透光率；PE 膜不易受污染而降低透光率，但长波辐射透过率高，保温性能较差；EVA 膜透光率较高，保温性能也较 PE 膜有较大提高，但仍然显著低于 PVC 膜；PO 膜透光率较 PVC 膜、PE 膜和 EVA 膜低，但保温性能好，而且不易受污染而降低透光率。表 5.3 为目前生产上常用的几种塑料薄膜的主要光热性能参数[2]。

表 5.3　常见塑料薄膜主要光热性能参数

| 塑料薄膜类型 | 紫外光透过率/% 0.28 μm | 0.30 μm | 0.32 μm | 可见光透过率/% 0.35 μm | 0.45 μm | 0.55 μm | 0.65 μm | 红外光透过率/% 1.0 μm | 1.5 μm | 2.0 μm | 5.0 μm | 贯流放热率/[W/(m²·K)] | 热导率/[W/(m·K)] |
|---|---|---|---|---|---|---|---|---|---|---|---|---|---|
| PE 膜 (0.1mm) | 55 | 60 | 63 | 66 | 87 | 89 | 90 | 88 | 91 | 90 | 85 | 6.7 | 0.34 |
| PVC 膜 (0.1mm) | 0 | 20 | 25 | 78 | 86 | 87 | 88 | 93 | 94 | 93 | 72 | 6.4 | 0.13 |
| EVA 膜 (0.1mm) | 76 | 80 | 81 | 84 | 82 | 85 | 86 | 90 | 91 | 91 | 85 | — | — |
| PO 膜 (0.1mm) | 64 | 68 | 70 | 72 | 83 | 85 | 88 | 91 | 92 | 91 | 78 | — | — |

2. 保温覆盖物

日光温室前屋面保温覆盖物主要用于反季节越冬生产期间的夜间。常用的保温覆盖材料有棉化纤毡、草苫和纸被等。保温性能好、成本低、防雨雪、抗紫外线老化、重量较轻是选择保温覆盖物材料重点考虑的技术经济因素。表 5.4 为常见前屋面保温覆盖材料热工性能参数[2]。

**表 5.4　常见前屋面保温覆盖材料热工性能参数**

| 保温覆盖类型 | 覆盖物名称 | 容重 /(kg/m³) | 热导率 /[W/(m·℃)] | 比热容 /[W/(kg·℃)] | 蓄热系数 /[W/(m·℃)] |
|---|---|---|---|---|---|
| 外保温覆盖物 | 沥青油毡、油毡纸被 | 600 | 0.17 | 1470 | 3.302 |
| | 草苫(帘) | 200 | 0.074 | 705 | 0.87 |
| | 棉化纤毡 | 300 | 0.11 | 1275 | 60.88 |
| | 彩钢保温板 | 7850 | 58.2 | 480 | 126.25 |

# 5.3　日光温室围护结构常见构筑形式

## 5.3.1　墙体

1. 基本构筑形式

我国现有日光温室墙体构造形式主要可以归纳为两大类型:单质结构墙体和复合结构墙体。单质结构墙体是指墙体由同种材料组成;复合结构墙体是指墙体由两种或两种以上材料分层复合而成。其基本构筑形式如图 5.1 所示。

　　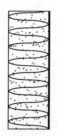

（a）夯实土质墙体　　　　（b）砖墙　　　（c）聚苯板或草砖墙＋彩钢板

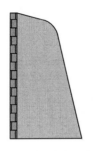
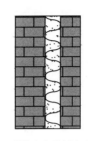
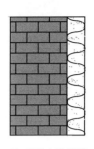

　　(d) 砖墙＋夯实土墙　　　　(e) 砖墙＋聚苯板＋砖墙　　　(f) 砖墙＋聚苯板

图 5.1　常见日光温室墙体构筑形式

2. 墙体构筑形式对其保温与蓄热性能的影响

　　表 5.5 列举九种典型温室墙体构筑形式；表 5.6 为相应的墙体材料主要热工性能参数，其中的墙体材料蓄热系数根据式(5.3)计算。

表 5.5　典型日光温室墙体构筑形式　　　　　　　　（单位：mm）

| 序号 | 墙体类别 | 墙体构筑形式 | 材料构成 |
|------|----------|--------------|----------|
| 1 | 轻型 | 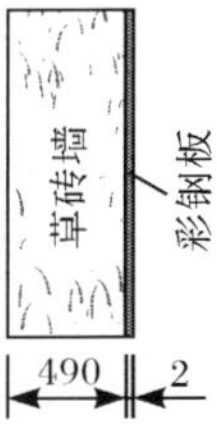  草砖墙　彩钢板　490　2 | 490mm 草砖墙＋2mm 彩钢板墙体 |
| 2 | 中型 | 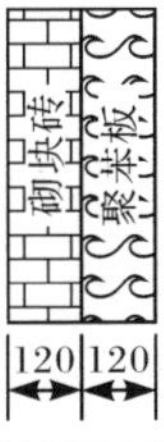 砌块砖　聚苯板　120　120 | 120mm 砖墙后贴 120mm 聚苯板＋防水层 |
| 3 | 中型 | 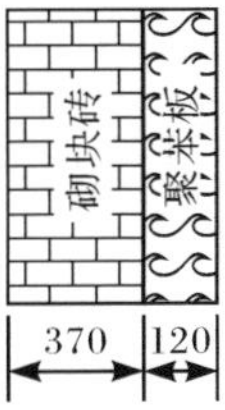 砌块砖　聚苯板　370　120 | 370mm 砖墙外贴 120mm 聚苯板 |

| 序号 | 墙体类别 | 墙体构筑形式 | 材料构成 |
|:---:|:---:|:---:|:---|
| 4 | 中型 | | 370mm 砖墙中间夹 120mm 聚苯板 |
| 5 | 中型 | | 480mm 砖墙中间夹 120mm 聚苯板 |
| 6 | 中型 | | 370mm 砖墙 ＋ 100mm 聚苯板 ＋ 240mm 砖墙 |
| 7 | 重型 | | 370mm 砖墙＋1500mm 土质墙 |
| 8 | 重型 | | 底部 3000mm＋中部 2000mm＋顶部 1500mm 梯形土质墙 |
| 9 | 重型 | | 底部 7000mm＋上部 2000mm 梯形土质墙 |

**表 5.6　典型日光温室墙体材料热工性能参数**

| 墙体材料 | 密度 /(kg/m³) | 热导率 /[W/(m·℃)] | 比热容 /[J/(kg·℃)] | 蓄热系数 /[W/(m²·℃)] |
|---|---|---|---|---|
| 聚苯板 | 30 | 0.042 | 1380 | 0.36 |
| 草砖块 | 200 | 0.074 | 705 | 0.87 |
| 砌块砖 | 1800 | 0.81 | 1050 | 10.55 |
| 夯实土墙 | 2000 | 1.16 | 1010 | 13.05 |
| 彩钢板 | 7850 | 58.2 | 480 | 126.25 |

从表 5.6 可以看出,低密度的轻质材料聚苯板和草砖块导热系数小,具有良好的保温性能,但蓄热系数小,蓄热性能差;而高密度的重质材料砌块砖和夯实土墙的热导率较轻质材料大了一个数量级,保温性能明显不如后者,但蓄热系数则远大于轻质材料,蓄热性能强;彩钢板的密度、热导率都大,比热容不是太小,属于保温性差、蓄热能力强的材料。

根据 5.1 节关于建筑围护结构热工性能评价指标,可以对温室墙体热工性能进行评价分析。表 5.7 为根据式(2.5)和式(5.4)计算得到的九种典型日光温室墙体的热阻和热惰性指标。可以看出,序号 1 的草砖块轻型墙体的热阻为九种墙体中最大,但热惰性指标值相对较小;序号 2~序号 6 墙体的厚度、材料类型相差不大,均为中型材料,由于都采用了约 100mm 厚的保温材料,其热阻值都相差不大,约为序号 1 墙体的 1/2,其热惰性指标参数居中;序号 7~序号 9 墙体厚度明显大于前 6 种,且序号 9 墙体最厚,因此序号 7 和序号 8 墙体的热阻值最小,但热惰性指标相对比较大;而序号 9 墙体由于其厚度和质量都明显大,所以热阻比较大,仅次于序号 1 的轻型墙体,热惰性指标值则为最大。

**表 5.7　九种典型日光温室墙体热阻和热惰性指标**

| 墙体类别及序号 | 轻型 | 中型 | | | | | 重型 | | |
|---|---|---|---|---|---|---|---|---|---|
| | 1 | 2 | 3 | 4 | 5 | 6 | 7 | 8 | 9 |
| 热阻/(m²·℃/W) | 6.78 | 3.16 | 3.47 | 3.47 | 3.61 | 3.29 | 1.91 | 2.03 | 4.04 |
| 热惰性指标 | 5.77 | 2.58 | 5.83 | 5.83 | 7.27 | 8.79 | 21.69 | 24.41 | 50.63 |

**3. 墙体构筑方式对墙体内部温度分布特性的影响**

墙体内部温度的分布特性可以反映墙体的蓄热与保温特性。墙体内部温度越接近或高于温室内环境温度,说明墙体的蓄热和保温能力越强,夜间为温室提供热量的能力也越强;否则,反之。

当室外气象参数和温室建筑空间几何尺寸确定,即可根据 EnergyPlus 能耗动态计算软件确定,计算分析相应条件下九种典型日光温室墙体内部温度随时间的动态变化规律;进一步根据 5.1.5 节计算方法,对不同构筑形式墙体的蓄热性能进行评价。

　　图 5.2 为根据北京地区标准气象年气象参数给出的冬季某晴天室外空气温度和太阳辐照强度。假定温室前屋面保温覆盖物早晨开启时间为 9:00,下午关闭时间为 16:00,温室跨度 5.8m,脊高 2.9m,北墙高度 2.3m,后屋面水平投影长度 0.6m。

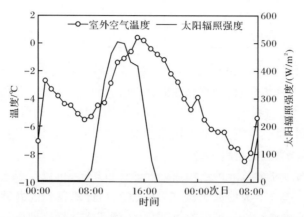

图 5.2　北京地区冬季某晴天室外空气温度和太阳辐照强度随时间变化

　　图 5.3 为基于上述计算条件,应用 EnergyPlus 能耗动态计算软件得到的九种典型日光温室墙体内部温度随时间的动态变化规律。可以看出,无论是轻型墙体,还是中型或重型墙体,照射在墙体内表面的太阳辐射可影响墙体内部深度都有限,即图中的"热区"大概为 300mm。根据表 5.6,对于序号 1 的轻型墙体,由于墙体材料的密度、热导率以及蓄热系数都小,因此墙体的蓄热能力非常有限;对于序号 2～序号 6 的中型墙体,虽然墙体材料层的密度、热导率以及蓄热系数都要

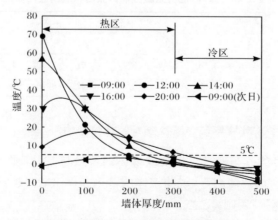

(a) 490mm 草砖块＋2mm 彩钢板轻型墙体(序号 1)

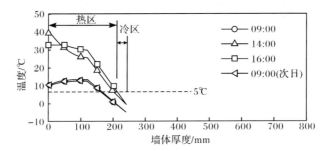

(b) 120mm 砖墙后贴 120mm 聚苯板＋防水层中型墙体(序号 2)

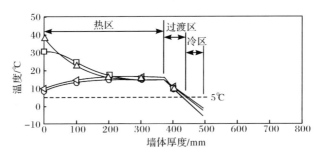

(c) 370mm 砖墙外贴 120mm 聚苯板中型墙体(序号 3)

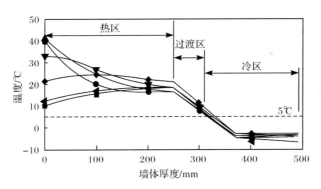

(d) 370mm 砖墙中间夹 120mm 聚苯板中型墙体(序号 4)

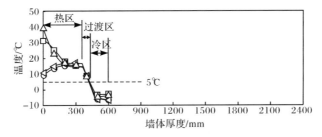

(e) 480mm 砖墙中间夹 120mm 聚苯板中型墙体(序号 5)

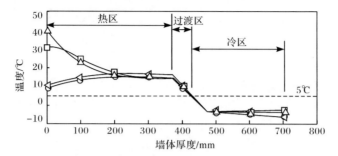

(f) 370mm 砖墙＋100mm 聚苯板＋240mm 砖墙中型墙体(序号 6)

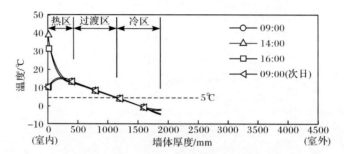

(g) 370mm 砖墙＋1500mm 土质墙重型墙体(序号 7)

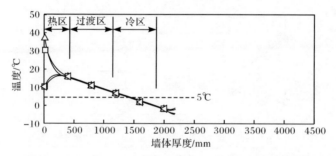

(h) 底部 3000mm＋中部 2000mm＋顶部 1500mm 梯形土质墙重型墙体(序号 8)

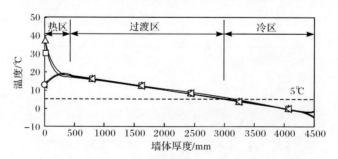

(i) 底部 7000mm＋上部 2000mm 梯形土质重型墙体(序号 9)

图 5.3　九种典型日光温室墙体内部温度分布

大于序号 1 的,但由于墙体内部温度大多处于温度"过渡区",温度提高有限,在一定程度上影响了较重材料显热蓄热能力的有效发挥;对于序号 7~序号 9 的重型墙体,随着墙体厚度的显著增加,主要增厚了温度"过渡区",对整个墙体的蓄热能力以及为夜间温室环境提供热量的能力非常有限。所以仅仅依靠增加墙体厚度提升墙体被动蓄热能力是不可行的,而且还适得其反,过厚的墙体反而降低了耕地利用率。

4. 墙体构筑方式对墙体蓄放热特性的影响

基于以上墙体温度变化规律,根据 5.1.5 节计算得到如表 5.8 所示的九种典型日光温室墙体蓄放热量。

表 5.8　九种典型日光温室墙体的蓄热特性

| 序号 | 墙体类型 | 有效蓄热量/(MJ/m²) | | | 日蓄热量 /(MJ/m²) | 日放热量 /(MJ/m²) |
| --- | --- | --- | --- | --- | --- | --- |
| | | 09:00 | 16:00 | 次日 09:00 | | |
| 1 | 轻型 | 0.00 | 0.68 | 0.00 | 0.68 | 0.68 |
| 2 | 中型 | 1.56 | 6.07 | 1.74 | 4.51 | 4.33 |
| 3 | 中型 | 6.28 | 10.86 | 7.21 | 4.58 | 3.66 |
| 4 | 中型 | 4.65 | 9.09 | 5.24 | 4.44 | 3.85 |
| 5 | 中型 | 6.25 | 10.79 | 7.18 | 4.54 | 3.61 |
| 6 | 中型 | 6.26 | 10.79 | 7.17 | 4.54 | 3.63 |
| 7 | 重型 | 12.35 | 16.77 | 12.95 | 4.42 | 3.82 |
| 8 | 重型 | 19.30 | 24.10 | 20.80 | 4.80 | 4.01 |
| 9 | 重型 | 43.52 | 48.33 | 44.40 | 4.81 | 3.93 |

由表 5.7 可见,序号 1 的草砖轻型墙体几乎不具备蓄热能力;序号 7~序号 9 重型墙体的墙体厚度虽然远大于序号 2~序号 6 的中型墙体,但它们的有效蓄热能力相差不大。由此进一步说明,轻型墙体的蓄热能力非常有限,而对于重型墙体,如果墙体内部温度不能有效提升,采用过厚的重质材料也无益于墙体显热蓄热能力的提升。

## 5.3.2　后屋面

日光温室后屋面主要以保温为主,其构筑形式相对比较简单一些。传统的日光温室后屋面主要有两大类型,即秸秆+泥土构筑形式和木板+聚苯板+混凝土构筑形式[2]。随着建筑材料技术的不断进步,目前日光温室后屋面多采用轻质高效保温材料,较常见的是聚苯板、挤塑板、玻璃棉等。需要指出的是,采用这些轻质保温材料的同时,需要确保屋面的承压能力。

1. 秸秆＋泥土后屋面

竹木结构日光温室多采用秸秆（玉米秸、高粱秸、芦苇或细树条等）＋泥土后屋面，如图 5.4 所示。

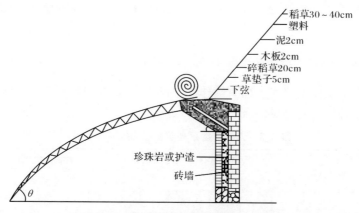

图 5.4　秸秆＋泥土后屋面构筑示意图

2. 木板＋聚苯板＋混凝土后屋面

一般钢骨架结构日光温室多采用木板＋聚苯板＋混凝土后屋面，其基本构筑形式如图 5.5 所示。

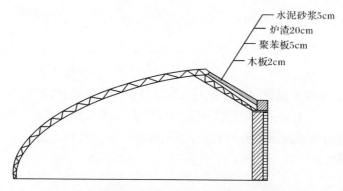

图 5.5　木板＋聚苯板＋混凝土后屋面构筑示意图

### 5.3.3　前屋面保温覆盖物

我国北方地区由于冬季寒冷，日光温室的前屋面通常采用草苫或其他材料保暖，以减少夜间通过温室前屋面向外界流失热量。

草苫多采用蒲草或稻草编织而成,厚度可至 100mm,热导率约为 0.96W/(㎡ · K),使用寿命为 1～2 年;油毛毡材料的保温覆盖物,当其厚度达到 60mm 时,其热导率可达到 1.17W/(㎡ · K);棉化纤物质的保温覆盖物,工程应用厚度一般为 50mm,热导率可达到 1.31W/(㎡ · K)。选择前屋面保温覆盖材料,在确保其热工性能的同时,还需要考虑防紫外辐射、防雨雪以及自身荷载等因素的影响。

# 5.4　新型日光温室太阳能主-被动相变蓄热墙体体系

如前分析,温室墙体的构筑方式直接影响墙体的热工性能,进而影响墙体的集热、蓄热、保温特性,最终影响温室光热环境的营造。过厚的重型墙体,墙体内部温度提高有限,不但无益于提高墙体的显热蓄热能力,而且还会导致土地利用率降低;而轻型保温墙体,虽然保证了墙体的保温能力且施工简便,但却牺牲了墙体的蓄热能力。因此,为了确保日光温室墙体,特别是北墙体的集热、蓄热与保温蓄热能力,需解决以下三个关键问题:

(1) 如何更高效地提高温室墙体内表面材料层的蓄热能力,以确保有效日照时间内(5～6h/d)墙体可高效接收和蓄存投射在其上的太阳光热能。

(2) 如何尽可能增大温室墙体外表面材料层的热阻,以最大限度地减小通过墙体流失至室外环境的太阳热能损失。

(3) 在确保中间墙体层的结构承重前提条件下,如何充分发挥该墙体层的显热蓄热能力。

要解决这些关键问题,需要将建筑热工设计技术、高性能的储热材料技术和高效的太阳能集热技术有机融合并科学应用。

## 5.4.1　相变材料

相变材料(phase change material,PCM)储热是利用材料在相变(固-固、固-液、固-气)过程中会吸收或放出大量的潜热量而温度变化很小的特点来储热。其中,固-气相变时体积变化过大,目前难于应用;固-固和固-液相变的体积变化小,易于应用,故这类相变材料是目前研究的重点。

应用于建筑墙体蓄热的相变材料应满足以下要求:①材料的相变温度与温室环境相适宜;②潜热量大、体积膨胀率小;③寿命长、循环次数多,与建筑材料相容;④能在恒定温度下融化及固化,可逆相变,不发生过冷现象;⑤具有化学稳定性和低降解性质;⑥不腐蚀、无毒、非燃、不爆炸;⑦经济性好。

1. 无机水合盐类

$CaCl_2 · 6H_2O$ 和 $Na_2SO_4 · 10H_2O$ 是温室储热应用最多的无机水合盐材料,

具有潜热大、热导率高、相变时体积变化小等优点。$CaCl_2 \cdot 6H_2O$ 的相变温度为 $26 \sim 29℃$，溶解热为 $190kJ/kg$，不易分解，价格低，安全无毒。但 $CaCl_2 \cdot 6H_2O$ 有严重的过冷问题（其过冷度达 $20℃$）和对湿度的敏感性，影响其工程应用。

与 $CaCl_2 \cdot 6H_2O$ 相似，$Na_2SO_4 \cdot 10H_2O$ 也具有价廉、储热密度高和溶解温度适宜等优点，适宜于温室储热。缺点是在相变过程中存在相分离现象，严重影响材料的储热性能。

### 2. 石蜡

作为相变材料的工业级石蜡是由多种氢氧化合物组成的混合体，其相变温度可调，且温度范围宽泛，熔点为 $23 \sim 67℃$，是有机储热材料中应用最广的相变材料。石蜡相变潜热高，几乎没有过冷现象，自成核、熔化时蒸汽压力低，不易发生化学反应且化学稳定性较好、没有相分离和腐蚀性（可以用金属容器封装）；它还可与支撑材料形成定形相变材料，使其在围护结构中的应用具有广阔的前景[42~44]。

石蜡的主要缺点是热导率低，可能有渗出现象。但是，其导热能力可以通过合适的技术改善。需要解决的关键问题有：提高石蜡的导热性能、石蜡的定型问题以及与建筑材料的相容性和长期稳定性。

GH-20 是作者团队研发的新型相变材料，主要由石蜡、高密度聚乙烯、石墨以及其他添加材料复合而成[45~48]，其相变温度为 $18 \sim 28℃$，相变熔值为 $180kJ/kg$（见图 5.6）。该材料的特点是在发生相变时能保持宏观上的固体形态，不易泄漏，无需封装即可达到很好的封装效果，并且可以很好地与普通建筑墙体材料进行复合使用。

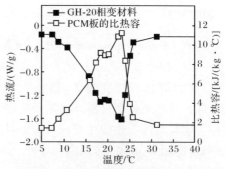

（a）GH-20 相变材料实物照片　　（b）GH-20 相变材料的差示扫描量热法曲线

图 5.6　GH-20 相变材料

## 5.4.2　新型墙体构筑方式

为了全面提升日光温室墙体特别是北墙体的集热、蓄热与保温能力,可采用新型日光温室太阳能主-被动式相变蓄热"三重"墙体构筑体系(见图 5.7)。其基本构筑特点是:墙体内表面采用 GH-20 相变材料板,将透过前屋面照射在其上的太阳能以被动潜热储热方式将热量蓄存在墙体内部,提高该墙体层的潜热蓄热能力;墙体中间层采用蓄热性能和传热性能较好的重质空心砌块砖,并利用空心气孔形成自然的竖向空气通道,将安装在北墙外侧墙体上的空气集热器加热的空气在风机提供的动力下,通过送风管送入到竖向空气通道内,通过强迫对流换热方式将太阳能传递给墙体并加热墙体,换热后的低温空气通过回风管再进入空气集热器循环加热,构成太阳能主动显热蓄热墙体体系,通过主动蓄热方式提高墙体内部层的显热蓄热能力;墙体外表面采用热导率小的高性能轻质保温材料,最大化减小流至墙外的太阳能。

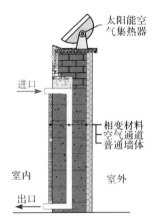

图 5.7　新型日光温室太阳能主-被动式相变蓄热"三重"墙体构筑体系

## 5.4.3　新型墙体热工性能评价指标

为了评价新型墙体的蓄放热性能,本节在 5.2 节基础上,进一步补充提出与相变材料及其蓄放热性能相关的评价指标。

### 1. 蓄放热速率

蓄热速率和放热速率是表征单位时间内墙体和材料热量的变化。当热作用相同时,蓄热速率越大,单位时间内蓄热量增长越大,热量利用率越高;放热速率越大,单位时间内放热量越大,对改善温室热环境的有效性越大。

根据墙体及各材料层的尺寸和温度场分布,蓄热速率和放热速率可以按照式(5.9)进行计算。计算结果为正时,表示蓄热速率;计算结果为负时,表示放热速率,负号仅代表热量传递的方向。

$$q(\tau_0) = \frac{Q_{\mathrm{Eff}}\big|_{\tau=\tau_0+\Delta\tau} - Q_{\mathrm{Eff}}\big|_{\tau=\tau_0-\Delta\tau}}{2\Delta\tau} = \frac{\iiint \int_{t\big|_{\tau=\tau_0-\Delta\tau}}^{t\big|_{\tau=\tau_0+\Delta\tau}} \rho c(t)\mathrm{d}t\mathrm{d}x\mathrm{d}y\mathrm{d}z}{2\Delta\tau} \tag{5.9}$$

墙体及材料层的蓄热主要是通过墙体内外表面的被动式蓄热和空气通道壁面的主动蓄热。基于墙体内外表面的尺寸和温度,可以采用式(5.10)对被动蓄热量进行计算;基于空气通道壁面的尺寸和温度,可以采用式(5.11)对主动蓄热量进行计算。

$$q_{\mathrm{pas}}(\tau) = \iint [\alpha_{\mathrm{id}}(t_{\mathrm{id}} - t_{\mathrm{wis}}) + \chi\varepsilon I + \alpha_{\mathrm{od}}(t_{\mathrm{od}} - t_{\mathrm{wos}})]\mathrm{d}x\mathrm{d}z \tag{5.10}$$

$$q_{\mathrm{act}}(\tau) = \iint h(t_{\mathrm{air}} - t_{\mathrm{Acss}})\mathrm{d}x\mathrm{d}z + \iint h(t_{\mathrm{air}} - t_{\mathrm{Acse}})\mathrm{d}y\mathrm{d}z + \iint h(t_{\mathrm{air}} - t_{\mathrm{Acsn}})\mathrm{d}x\mathrm{d}z \tag{5.11}$$

#### 2. 被动蓄热量和主动蓄热量

蓄热量根据蓄热方式的不同,又可分为被动蓄热量和主动蓄热量,可分别按照式(5.12)和式(5.13)进行计算。被动蓄热量和主动蓄热量越高,墙体蓄热量越高,墙体的热特性越高,对室内环境改善的有效性也越高。

$$Q_{\mathrm{pas}}(\tau_0) = \int_{10:00}^{\tau_0} q_{\mathrm{pas}}(\tau)\mathrm{d}\tau \tag{5.12}$$

$$Q_{\mathrm{act}}(\tau_0) = \int_{10:00}^{\tau_0} q_{\mathrm{act}}(\tau)\mathrm{d}\tau \tag{5.13}$$

#### 3. 蓄热贡献率和放热贡献率

墙体蓄热量是通过主动和被动的方式储存于墙体各材料层中,为了评价蓄热方式和材料层对墙体蓄热特性的影响,提出蓄热贡献率,表示为蓄热工况结束时刻,各蓄热量与墙体蓄热量之比,如式(5.14)所示。蓄热贡献率越高,其蓄热量越大,对墙体的蓄热量影响越大。

$$\psi_{\mathrm{s}} = \frac{Q_{\mathrm{part}}(19:00)}{Q_{\mathrm{w}}(19:00)} \times 100\% \tag{5.14}$$

墙体散热量事实上是墙体各材料层放热量之和,为了评价材料层放热量对墙体散热量的影响,提出放热贡献率,表示为放热工况结束时刻,材料层放热量与墙体放热量之比,如式(5.15)所示。放热贡献率越大,材料放热量越多,对墙体放热量影响越大。

$$\psi_{\mathrm{r}} = \frac{|Q_{\mathrm{part}}(10:00\mathrm{day}+1)|}{|Q_{\mathrm{w}}(10:00\mathrm{day}+1)|} \times 100\% \tag{5.15}$$

## 5.4.4  传热模型

5.4.3 节评价指标参数计算的关键参数是墙体内部温度场,本节重点介绍墙体内部温度求解方法。

为了建立计算传热模型,进行以下假设:①墙体内外表面忽略除太阳辐射外的热辐射作用;②由于空气在通道的流速是竖向的,因此可以忽略热量沿墙体竖向的传递;③墙体中所涉及的材料热物性,除相变材料等价比热容外,均不变;④忽略墙体各表面层间的接触热阻;⑤根据相关建筑规范,假定室内对流换热系数和室外对流换热系数不随时间变化,分别为 8.7W/(m² · ℃) 和 23.26W/(m² · ℃)。

基于上述假设,新型"三重"墙体水平面物理模型如图 5.8 所示。白天,墙体内表面受到太阳辐射和温室内空气自然对流的综合作用,墙体内表面温度升高,墙体被动蓄热,墙体获得被动蓄热量;中间墙体空气通道被送入热空气,热空气与空气通道壁面发生受迫对流换热,空气通道壁面升高,墙体及材料进行主动蓄热,墙体获得主动蓄热量;墙体外表面与室外空气进行自然对流换热,墙体外表面温度升高,墙体获得被动蓄热量。墙体各壁面温度升高,导致墙体内部存在温度差,主动蓄热量和被动蓄热量以热传导的形式在墙体及材料内部进行传递。夜晚,墙体内表面和外表面分别受到室内空气和室外空气自然对流换热影响,温度降低,导致墙体内外表面和墙体内部形成温度梯度,墙体内部蓄热量以导热方式将热量传递到墙体内表面和外表面。

基于传热过程分析,建立关于新型墙体的二维非稳态传热模型[式(5.16)~式(5.26)]。

$$\rho_w \frac{\partial(c_w t_w)}{\partial \tau} = k_w \left( \frac{\partial^2 t_w}{\partial x^2} + \frac{\partial^2 t_w}{\partial y^2} \right) \tag{5.16}$$

边界条件:

$$k_w \frac{\partial t_w}{\partial y} = \alpha_{id}(t_w - t_{id}) + \chi_\varepsilon I, \quad 0 \leqslant x \leqslant x_{Wh}, y = 0 \tag{5.17}$$

$$k_w \frac{\partial t_w}{\partial y} = h(t_{air} - t_w), \quad 0 \leqslant x \leqslant x_{Acse}, y = y_{PCM} \tag{5.18}$$

$$k_w \frac{\partial t_w}{\partial x} = h(t_w - t_{air}), \quad x = x_{Acse}, y_{Acss} \leqslant y \leqslant y_{Acsn} \tag{5.19}$$

$$k_w \frac{\partial t_w}{\partial y} = h(t_{air} - t_w), \quad 0 \leqslant x \leqslant x_{Acse}, y = y_{Acsn} \tag{5.20}$$

$$k_w \frac{\partial t_w}{\partial y} = \alpha_{od}(t_{od} - t_w), \quad 0 \leqslant x \leqslant x_{Wh}, y = y_{Wh} \tag{5.21}$$

$$\frac{\partial t_w}{\partial x} = 0, \quad x = 0, 0 \leqslant y \leqslant y_{Acss} \tag{5.22}$$

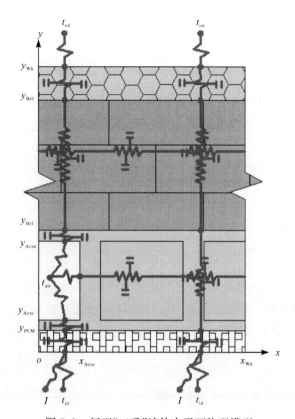

图 5.8　新型"三重"墙体水平面物理模型

$$\frac{\partial t_w}{\partial x} = 0, \quad x = 0, y_{Acsn} \leqslant y \leqslant y_{Wh} \tag{5.23}$$

$$\frac{\partial t_w}{\partial x} = 0, \quad x = x_{Wh}, 0 \leqslant y \leqslant y_{Wh} \tag{5.24}$$

初始条件:

$$t = t_{int} \tag{5.25}$$

物理参数条件:

$$\begin{cases} c_w = c_{PCM}, \rho_w = \rho_{PCM}, k_w = k_{PCM}, & 0 \leqslant x \leqslant x_{Wh}, 0 \leqslant y \leqslant y_{PCM} \\ c_w = c_{Br1}, \rho_w = \rho_{Br1}, k_w = k_{Br1}, & 0 \leqslant x \leqslant x_{Wh}, y_{PCM} < y \leqslant y_{Acss} \\ c_w = c_{Br1}, \rho_w = \rho_{Br1}, k_w = k_{Br1}, & x_{acse} \leqslant x \leqslant x_{Wh}, y_{Acss} < y \leqslant y_{Acsn} \\ c_w = c_{Br1}, \rho_w = \rho_{Br1}, k_w = k_{Br1}, & 0 \leqslant x \leqslant x_{Wh}, y_{Acsn} < y \leqslant y_{Br1} \\ c_w = c_{Br2}, \rho_w = \rho_{Br2}, k_w = k_{Br2}, & 0 \leqslant x \leqslant x_{Wh}, y_{Br1} < y \leqslant y_{Br2} \\ c_w = c_{In}, \rho_w = \rho_{In}, k_w = k_{In}, & 0 \leqslant x \leqslant x_{Wh}, y_{Br2} < y \leqslant y_{Wh} \end{cases}$$

$$\tag{5.26}$$

式中，$h$ 为强迫对流换热系数，$W/(m^2 \cdot ℃)$。

考虑到空气通道由水泥砌块构筑，表面较为粗糙，该值可以按照式(5.27)～式(5.30)进行求解。

$$d = \frac{2 \times 2x_{Acse}(y_{Acsn} - y_{Acss})}{2x_{Acse} + (y_{Acsn} - y_{Acss})} \tag{5.27}$$

$$f = \left[ 2\lg\left(\frac{d}{2r}\right) + 1.74 \right]^{-2} \tag{5.28}$$

$$St = \frac{f}{8} Pr^{-\frac{2}{3}} \tag{5.29}$$

$$h = St\rho_{air} c_{air} v_{air} \tag{5.30}$$

分别以 $\Delta x = 0.04m$、$\Delta y = 0.01m$ 和 $\Delta \tau = 900s$ 为长度步长、厚度步长和时间步长，采用交替方向隐式差分法进行离散，可得到关于新型墙体二维非稳态传热模型控制方程式(5.16)的离散式(5.31)，并采用 MATLAB 软件进行求解，即可得到墙体内部温度分布随时间的变化规律。

$$-\frac{k_w}{\Delta x^2} t_{w\ i+1,j}^m + \left(\frac{\rho_w c_w}{\Delta \tau} + \frac{2k_w}{\Delta x^2}\right) t_{w\ i,j}^m - \frac{k_w}{\Delta x^2} t_{w\ i-1,j}^m$$
$$= \frac{k_w}{\Delta y^2} t_{w\ i,j+1}^{m-1} + \left(\frac{\rho_w c_w}{\Delta \tau} - \frac{2k_w}{2y^2}\right) t_{w\ i,j}^{m-1} + \frac{k_w}{\Delta y^2} t_{w\ i,j-1}^{m-1} \tag{5.31}$$

### 5.4.5　案例解析 1

#### 1. 应用对象概况

供试日光温室位于乌鲁木齐西山农场($43.63\ °N, 87.23\ °E$)。该温室坐北朝南、东西延长，长 50.0m，跨度 8.0m，北墙高 2.66m，脊高 3.74m；东墙和西墙均为 0.47m 厚砌块砖墙；北墙由 0.37m 砌块砖墙、0.19m 空心砌块砖(通道填充沙土)和 0.1m 保温层构成；前屋面采用 0.12mm 厚的 EVA 薄膜，其夜间覆盖 40mm 厚保温覆盖物。保温覆盖物每天上午 10:00 开启，下午 19:00 关闭。在前屋面的顶部设有一条形通风口，其开启时间为 13:30～15:30，目的是调控温室的空气温度、室内空气湿度及室内的 $CO_2$ 浓度。

为了便于比较，采用 0.10m 厚聚苯板将温室沿长度方向等分成 2 个温室区域，分别作为主-被动温室和普通温室。由于 0.10m 聚苯板的传热系数仅为 $0.26W/(m^2 \cdot ℃)$，因此两温室之间通过聚苯板的传热可忽略不计。主-被动温室墙体由内到外依次为 GH-20 相变材料墙板、空心砌块砖、砖墙和保温板，25m 温室配置 16m 太阳能空气集热器。普通温室采用空心砌块砖、砖墙和保温板构造(见图 5.9)。两种类型温室和室外集热器如图 5.10 所示。

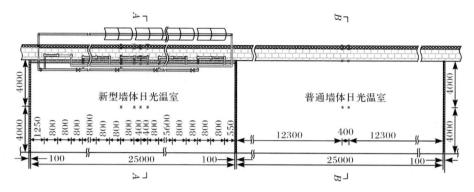

（a）温室平面布置图

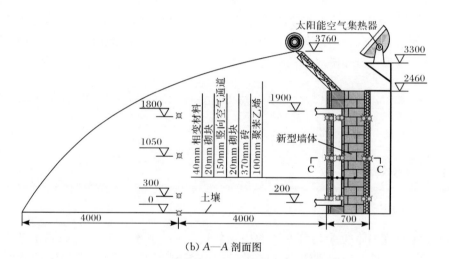

（b）A—A 剖面图

图 5.9　供试日光温室结构构造示意图（单位：mm）

（a）主-被动温室

（b）普通温室

(c) 空气集热器正面　　　　　　　(d) 空气集热器背面

图 5.10　供试日光温室构造实景图

### 2. 应用效果分析

图 5.11 为乌鲁木齐 2015 年 11 月 1 日~2016 年 2 月 28 日室外空气温度和日累计太阳辐射能量随时间变化情况。通过对冬季反季节番茄生产期各指标的比较评估来评价主被动式相变蓄热墙体在日光温室中的应用效果。

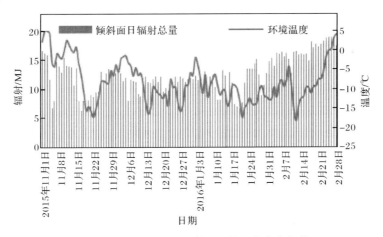

图 5.11　冬季太阳总辐射及环境温度变化规律

1) 集热器出口温度

图 5.12 反映了日累积太阳辐射能量为 14MJ/m² 条件下,集热器进、出口温度随时间的变化规律。可以看出,16m 长的集热器进、出口温差最大可以达到52℃,且在中午 12:30 左右空气出口温度达到最高,约为 75℃。

2) 集热器瞬时集热量与瞬时集热效率

图 5.13 反映了太阳辐射能量为 12MJ/m² 条件下,空气集热器瞬时集热量与

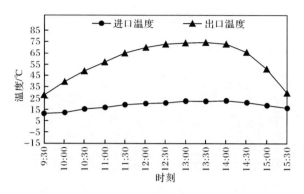

图 5.12　进、出口空气温度随时间的变化规律

瞬时集热效率随时间的变化规律。可以看出,集热器瞬时集热量在太阳辐射强度最大时(12:30)达到最大,约为 2930W,太阳辐射强度的强弱直接影响空气集热器集热量的大小,单位面积日累积集热量可达 5.8MJ/m²;集热器的瞬时集热效率则随着时间的变化逐渐增大,在 15:30 达到最大(50%),平均集热效率约为 43%。

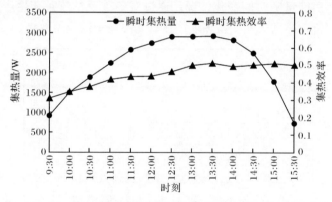

图 5.13　瞬时集热量与瞬时集热效率随时间的变化规律

### 3) 供热能力分析

实测期间,乌鲁木齐地区晴天高达 65%,接收面太阳日辐射能量为 14～20MJ/(m²·d),此时集热器可向日光温室提供的太阳能为 50～65MJ/d;多云天较少,约占 10%,接收面太阳日辐射能量为 10～14MJ/(m²·d),相应的集热器可向日光温室提供的太阳能为 35～45MJ/d;阴天约占 15%,接收面太阳日辐射能量为 6～10MJ/(m²·d),集热器可向日光温室提供的太阳能为 20～25MJ/d;余下则为雨雪天(见表 5.9)。实测期间,集热系统通过日光温室墙体主动蓄热方式,累计为日光温室提供了 5325MJ 的太阳热能。

表 5.9　不同天气条件下集热器日集热量

| 天气状况 | 占冬季比例/% | 集热器日集热量/(MJ/d) |
| --- | --- | --- |
| 晴天 | 65 | 50～65 |
| 多云天 | 10 | 35～45 |
| 阴天 | 15 | 20～25 |
| 雨雪天 | 10 | 0 |

4) 温室空气温度

主-被动墙体日光温室和普通墙体日光温室空气温度试验结果对比如图 5.14 所示。

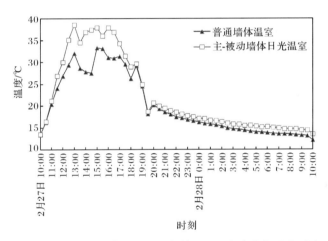

图 5.14　主-被动墙体日光温室与普通温室室内空气温度对比

可以看出,开棚时刻(2 月 27 日 10:00),两个日光温室空气温度接近,主-被动墙体日光温室空气温度为 13.5℃,普通墙体日光温室为 13.4℃,两个日光温室空气温度仅相差 0.1℃;在太阳能集热器主动供热(11:00)前,由于两个日光温室均是由太阳辐射被动式加热,室内空气温度随着太阳辐射的增加快速增加,但是两个日光温室的空气温度仍没有明显的差别,平均相差 0.5℃;在太阳能集热器主动蓄热开启(11:00)以后,主-被动墙体日光温室空气温度升高速率得到了进一步提升,截至 13:00,主-被动墙体日光温室室内空气温度为 38.5℃,高于普通墙体日光温室的 32.1℃,两者相差 6.5℃;在13:30,日光温室顶部通风口开启,日光温室空气温度降低,但是主-被动墙体日光温室为 34.5℃,高于普通墙体日光温室的 28.7℃,两者相差 5.87℃;直到 15:30 日光温室通风口关闭,主-被动墙体日光温室空气温度均高于普通墙体日光温室,最大提高 9.9℃,最小提高 2.9℃,平均提高 6.6℃;在 15:30 至日光温室关棚(19:00),日光温室空气温度随着太阳辐射的降

低而降低,但是主-被动墙体日光温室空气温度均高于普通墙体温室,最大高
6.8℃,最小高0.3℃,平均高3.0℃。

在日光温室关棚以后,日光温室空气温度逐渐下降,但是主-被动墙体日光温
室下降速率小于普通墙体日光温室,随着时间的增加,主-被动墙体日光温室与普
通墙体日光温室空气温度差值逐渐变大,从关棚时刻的0.3℃,逐渐扩大到第二天
开棚时刻(2月28日10:00)的1.4℃,整个关棚期间,主-被动墙体日光温室空气
温度较普通墙体日光温室平均高1.0℃。

基于上述分析结果可知,主-被动墙体不仅可以有效提高开棚期间温室空气温
度,最大提高9.9℃,平均提高3.8℃,而且可以有效改善关棚期间温室空气温度,
并且随着时间的增长,改善效果越明显,平均提高1.0℃。

5) 温室土壤温度

基于试验条件,对主-被动墙体日光温室和普通墙体日光温室室内15cm深的
土壤温度进行实测,试验结果对比如图5.15所示。

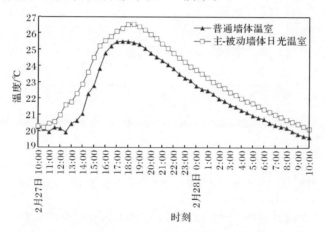

图5.15　主-被动墙体日光温室与普通温室土壤温度对比

可以看出,主-被动墙体日光温室土壤温度无论在开棚期间还是在关棚期间均
高于普通墙体日光温室。在开棚时刻(2月27日10:00),两个试验日光温室室内
土壤温度基本相同,主-被动墙体日光温室土壤温度为20.3℃,普通墙体日光温室
为20.3℃,两个日光温室仅相差0.1℃;随着太阳辐射的增加和室内空气温度的升
高,主-被动墙体日光温室土壤温度逐渐上升,且始终高于普通墙体日光温室。在
开棚期间(2月27日10:00~19:00),主-被动墙体日光温室土壤温度较普通墙体
日光温室最大高1.8℃,最小高0.3℃,平均高1.0℃;在关棚期间(2月27日
19:00~2月28日10:00),主-被动墙体日光温室土壤温度较普通墙体日光温室最
大高1.1℃,最小高0.5℃,平均高0.8℃。

此外,主-被动墙体日光温室室内土壤温度上升反应时间也比普通墙体日光温室的迅速,且上升持续时间增长。主-被动墙体日光温室的土壤温度在 10:30 时开始上升,并且在 18:30 到达了最大值,为 26.5℃;普通墙体日光温室的土壤温度在 12:30 才开始升高,在 17:30 到达最大值,为 25.5℃,较主-被动墙体日光温室的土壤温度上升开始时间晚 2h,峰值到达时间提前 1h,即上升持续时间较主-被动墙体日光温室减小 3h,峰值减小 1.1℃。

基于上述结果,不难看出,主-被动墙体不仅对日光温室室内土壤温度有改善作用,对土壤温度的上升持续时间也有显著的改善作用。

6) 墙体温度

图 5.16 为主被动式温室与普通温室墙体内表面温度比较图。

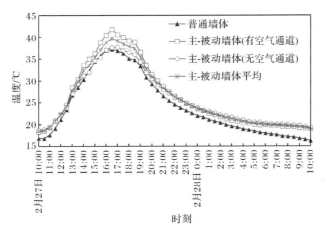

图 5.16　主-被动墙体温室与普通墙体温室墙体表面温度对比

可以看出,通过主-被动墙体无空气通道墙体内表面温度和普通墙体内表面温度,再次验证了相变材料可以有效改善日光温室墙体的热特性。同时可以看出,由于相变材料的等价比热容、蓄热系数较大,尽管在开棚时刻(2 月 27 日 10:00),主-被动墙体无空气通道墙体内表面温度为 18.7℃,高出普通墙体内表面温度 1.9℃,但是在墙体内表面温度上升过程中,主-被动墙体无空气通道墙体内表面温度上升速率低于普通墙体,在 12:30 开始,普通墙体内表面温度已经接近主-被动墙体无空气通道墙体内表面温度,仅小于 0.5℃;到 14:30,普通墙体内表面温度超过主-被动墙体无空气通道墙体内表面温度,高 0.4℃;到 16:00,普通墙体内表面温度基本达到峰值,为 37.0℃,而主-被动墙体的蓄热能力更强,其无空气通道墙体内表面温度继续升高,为 37.1℃,超过普通墙体内表面温度 0.1℃,且主-被动墙体无空气通道墙体内表面温度在 17:00 达到峰值,为 37.7℃,较普通墙体内表面温度峰值延迟 1h,升高 0.8℃。在墙体内表面温度下降过程中,由于主-被动墙体具有较高的放热能力，其无空气通道墙体内表面温度下降速率低于普通墙体，主-被动墙体无空气通道墙体内表面温度均一直高于普通墙体，最大相差 3.0℃，最小相差 0.9℃，平均相差 1.9℃，特别是随着时间的增加，差值逐渐增大。

通过对比主-被动墙体有空气通道墙体内表面温度和无空气通道墙体内表面温度，可以掌握的太阳能主动集热对墙体热特性的影响规律。从图 5.16 可以看出，11:00 之前，由于主动蓄热工况未开启，墙体内表面的变化规律一致；12:30 之前，尽管主动蓄热工况开始，但是太阳辐射相对较小，且内部的砌块和相变材料可以充分蓄积主动蓄热量，因此主-被动墙体有空气通道墙体内表面温度的变化规律仍与主-被动墙体无空气通道墙体内表面温度类似，不过有空气通道墙体内表面温度已经开始高于无空气通道墙体内表面温度，约高 0.2℃；12:30 之后，由于太阳辐射的增加和主动蓄热量的提高，有空气通道墙体内表面温度升高速率得到显著的提升，逐渐扩大与无空气通道墙体内表面温度的差值；16:00 达到峰值，有空气通道墙体内表面温度为 41.7℃，高于无空气通道墙体内表面温度 4.1℃；在 16:00～17:30，太阳辐射的减小和由此引起的主动蓄热的逐渐减小，有空气通道墙体内表面温度下降速率大于无空气通道墙体内表面温度，但是有空气通道墙体内表面温度仍然高于无空气通道墙体内表面温度，平均高 3.3℃。在主动蓄热工况结束后，由于空气通道内空气的蓄热能力低于砌块，有空气通道墙体内表面温度下降速率稍高于无空气通道墙体内表面温度，有空气通道墙体内表面温度与无空气通道墙体内表面温度逐渐接近，并在 23:00 开始低于无空气通道墙体内表面温度，最大相差 0.7℃，最小相差 0.1℃，平均相差 0.4℃。

通过对比主-被动墙体内表面平均温度与普通墙体内表面温度，可以综合评价主-被动墙体体系的热特性。尽管主-被动墙体内表面平均温度开棚时刻高于普通墙体，但是由于相变材料的蓄热能力强，且主动蓄热工况未开启或主动蓄热储存于内部砌块和相变材料，12:30 之前，主-被动墙体内表面平均温度上升速率低于普通墙体内表面温度，主-被动墙体内表面平均温度逐渐接近普通墙体内表面温度，最小仅高于 0.7℃。12:30 以后，随着太阳辐射的增强，主动蓄热量升高，主-被动墙体内表面平均温度上升速率逐渐高于普通墙体内表面，到 16:00 两者均达到峰值，主-被动墙体内表面平均温度为 38.8℃，普通墙体内表面温度为 37.0℃，两者相差高 1.8℃。在温度下降过程中，由于主-被动墙体具有更高的放热能力，主-被动墙体内表面平均温度下降速率低于普通墙体，两者表面温度差值最大为 2.9℃，平均为 2.0℃。特别是在关棚期间，随着时间的增长，主-被动墙体内表面平均温度与普通墙体差值逐渐增大，从 2 月 27 日 19:30 的 1.9℃到 2 月 28 日 10:00 的 2.9℃。

由上述分析可知，主-被动墙体中相变材料、空气通道主动蓄热均可有效提高墙体的蓄放热特性，从而使得墙体内表面的温度高于普通墙体的温度，特别是在关棚期间，随着时间的增长，蓄热效果逐渐明显。

图 5.17 为主-被动墙体和普通墙体内部 10:00 和 19:00 时刻延厚度方向温度场分布。

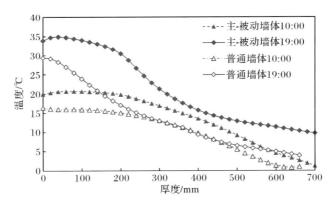

图 5.17 墙体沿厚度方向温度场

可以看出,主-被动墙体沿厚度方向的温度均高于普通墙体。在开棚时刻 (10:00),主-被动墙体温度较普通墙体最大高 4.8℃,最小高 1.7℃,平均高 3.9℃;主-被动墙体在 180mm 前均高于 20℃,360mm 前均高于 15℃,400mm 前高于此时空气温度 13.5℃;普通墙体温度未有高于 20℃,高于 15℃为 200mm,仅为主-被动墙体的 55.56%,高于此时空气温度的厚度有 280mm,仅为主-被动墙体的 70%。在关棚时刻(19:00),经过开棚周期的蓄热,墙体温度均得到了一定的升高,但是主-被动墙体的温度仍高于普通墙体,且优势逐渐增大。主-被动墙体温度较普通墙体最大高 13.4℃,最小高 4.9℃,平均高 8.2℃;主-被动墙体在 200mm 前均高于 30℃,300mm 前均高于 20℃,420mm 前高于 15℃;普通墙体温度未有高于 30℃,高于 20℃为 140mm,仅为主-被动墙体的 46.67%,高于 15℃有 240mm,仅为主-被动墙体的 57.14%。普通墙体不仅在温度数值上低于主-被动墙体,在温度厚度上也低于主-被动墙体。

对比主-被动墙体和普通墙体温度场分布可以发现,主-被动墙体在蓄热周期最大温升为 14.4℃,最小温升为 2.2℃,平均温升为 7.5℃,而普通墙体最大温升为 13.0℃,最小温升为 0℃,平均温升为 3.1℃。温升超过 10℃的主-被动墙体有 200mm,普通墙体有 60mm 普通墙体,仅为主-被动墙体的 30%;温升超过 10℃,主-被动墙体有 280mm,普通墙体有 140mm,普通墙体仅为主-被动墙体的 50%。主-被动墙体温升最小为 2.2℃且不存在温度热稳定层;普通墙体在厚度为 240~500mm 温升均低于 1℃,可以认为普通墙体内温度稳定去为 260mm,占到墙体总厚度的 39.39%。

基于上述分析可知,主-被动墙体可以有效提高墙体的温度分布和蓄放热性能。此外,还可以有效去除墙体内部温度稳定区。

### 7) 墙体蓄放热特性

(1) 主-被动墙体与普通墙体对比。图 5.18(a)和(b)为主-被动墙体与普通墙体蓄放热速率和累计蓄放热量的对比,可以看出,主-被动墙体可以有效增强墙体的蓄热速率和放热速率。普通墙体和主-被动墙体的蓄热速率最大值均发生在 15:00,这也与太阳辐射变化趋势一致,普通墙体最大蓄热速率为 127W,主-被动墙体为 270W,提升了 112.4%;整个蓄热周期,普通墙体平均蓄热速率为 80W,主-被动墙体为 150W,平均提高 88.8%。放热速率最大发生在 21:00,此时室外温度相对较低,普通墙体最大放热速率为 34W,主-被动墙体最大放热速率为 113W,提升 234.0%;整个放热周期,普通墙体平均放热速率为 27W,主-被动墙体平均为74W,平均提升 178.1%。

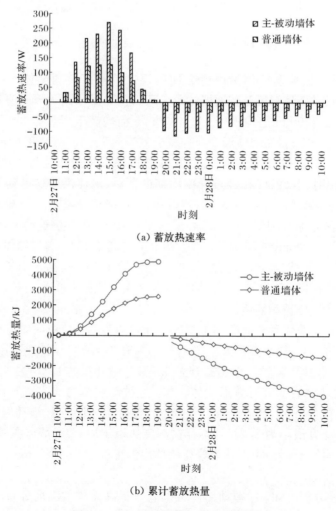

(a) 蓄放热速率

(b) 累计蓄放热量

图 5.18 主-被动墙体与普通墙体对比

与蓄放热速率类似,主-被动墙体的蓄放热量也得到显著提高,如图5.18(b)所示。整个蓄放热周期,普通墙体蓄热量为2576kJ,放热量为1438kJ,主-被动墙体分别为4865kJ和3998kJ,提升率分别为88.8%和178.1%。此外,主-被动墙体的蓄放热效率也得到增强,普通墙体的为55.8%,主-被动墙体为82.2%,提升了47.3%。

(2)墙体材料层对比。主-被动墙体由相变材料层、砌块层和保温层构成。为了评价各材料层在墙体蓄放热中效果,本节分析了相变材料层、砌块层和保温层的蓄放热速率和蓄放热量,如图5.19所示。

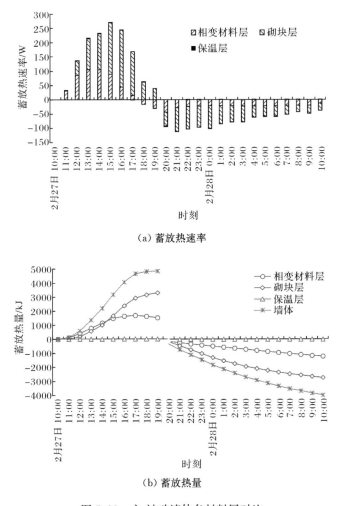

(a)蓄放热速率

(b)蓄放热量

图5.19 主-被动墙体各材料层对比

可以看出,砌块层由于厚度最大,蓄放热速率最大,蓄热速率最大为200W,平均为 102.1W；放热速率最大为 83W，平均为 51W。相变材料层虽然厚度最小，但是由于具有较高的蓄放热密度，蓄放热速率也相对较大，蓄热速率最大为 105W，平均为 68W，放热速率最大为 44W，平均为 23W；保温层主要是为了减少墙体热损失，其蓄热速率和放热速率增大均不明显，最大均为 2W，平均为 0.6W 和 0.2W。值得注意的是，在 11:00，由于太阳辐射不充足且主动蓄热尚未开启，热量主要储存于相变材料层中，因此砌块层蓄热速率为 0；在 17:00 和 18:00，太阳辐射减小，相变材料层得不到充分的热量，但是相变材料层与砌块层还存在一定温差，相变材料层的蓄热量向砌块层进行传递，此时相变材料层呈放热状态，砌块层呈蓄热状态，墙体整体仍进行蓄热。

与蓄放热速率类似，砌块层由于厚度较大，蓄放热最大，分别为 3308kJ 和 2754kJ，占整个墙体蓄放热量的 68.0% 和 68.9%，蓄放热效率为 83.3%；相变材料层其次，蓄放热量分别为 1537kJ 和 1233kJ，占整个墙体蓄放热量的 31.6% 和 30.8%，蓄放热效率为 80.2%；保温层蓄放热量最小，分别为 20kJ 和 11kJ，占整个墙体蓄放热量的 0.4% 和 0.3%，蓄放热效率为 52.8%。

(3) 主动蓄热量与被动蓄热量对比。主-被动墙体的蓄热主要有被动方式和主动方式，为了评价这两种蓄热方式对墙体蓄热量的影响，本节计算了主动蓄热量和被动蓄热量，结果如图 5.20 所示。可以看出，在整个蓄热期间，墙体被动蓄热速率占比较高，最大蓄热速率为 212W，平均为 117W；主动蓄热速率最大为 64W，平均为 49W。因而，被动式蓄热量也高于主动蓄热量，被动蓄热量为 3800kJ，占整个墙体蓄热量的 78.1%；主动蓄热量为 1064kJ，占整个墙体蓄热量 21.9%。

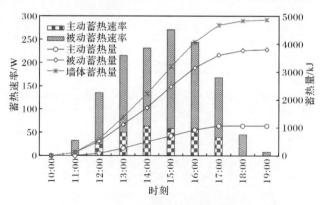

图 5.20　主动蓄热与被动蓄热对比

8) 形态

(1) 番茄株高。图 5.21 为两个日光温室番茄株高的测量统计结果。可以看出，在定植 40～90 天，主-被动墙体日光温室的株高均高于普通墙体日光温室，并且随着时间的增长,差距基本呈现递增的趋势。在定植 40 天时,主-被动墙体日光温室株高为55.84cm,较普通墙体日光温室(49.70cm)高 6.14cm;在定植 80 天时,主-被动墙体日光温室株高(157.14cm)较普通墙体日光温室(107.94cm)高49.20 cm。全部测试期间,主-被动墙体日光温室株高较普通墙体日光温室平均高26.07%。

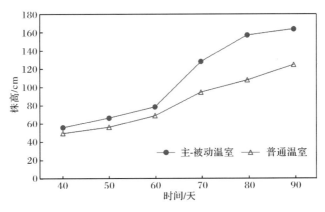

图 5.21　平均植株高度实测结果比较

(2) 茎粗。图 5.22 为两个日光温室番茄植株的测量统计结果。可以看出,在测试期间,主-被动墙体日光温室的作物茎粗明显高于普通墙体。其中,40 天、50 天、60 天时,主-被动墙体日光温室的作物茎粗较普通墙体日光温室增大 44.2%、42.8%、26.5%;在 70 天以后,虽然两个日光温室的作物茎粗差距逐渐减小,但是主-被动墙体日光温室作物茎粗仍然高于普通日光温室,分别高 15.3%、14.4%、9.4%。分析其原因,可能是因为随着室外的温度逐渐升高,主-被动墙体的热特性发挥效果逐渐减小。

由上述分析可知,主-被动墙体不仅可以提高蔬菜作物的株高,对蔬菜作物茎粗的生长也有显著的促进作用。

(3) 果实形态。图 5.23 为两个试验温室果实形态现场实拍图,可以看出,在室外温度最为严寒,对蔬菜作物生长不利的季节,主-被动墙体日光温室在提高番茄生长情况的同时,促进了番茄果实产量及形态的增长。主-被动墙体日光温室果实无论是在数量上还是形态上均优于普通温室。当普通温室植株上仅挂了一个直径约为 2.4cm 的果实时,主-被动墙体日光温室植株已挂了 3 个果实,最大直径为 4.0cm,最小为 3.0cm。

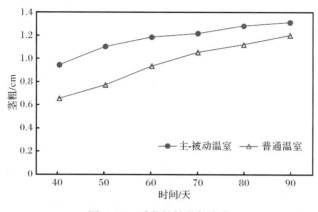

图 5.22　番茄植株茎粗变化

　　（a）普通温室　　　　　　　　　　　　（b）主-被动墙体日光温室

图 5.23　果实形态比较

　　（4）果实产量。图 5.24 为两个日光温室在果实收获期的日产量变化。可以看出，主-被动墙体日光温室的最高日产量和总产量均比普通墙体日光温室高，主-被动墙体最高日产量为 133.02kg，总产量为 1327.19kg；普通墙体最高日产量为 114.64kg，总产量为 1036.79kg。主-被动墙体可以提高产量 28.0%。

　　不仅如此，主-被动墙体还缩短了番茄的成熟期。主-被动墙体日光温室 3 月 25 日开始果实成熟，产量为 0.69kg；4 月 5 日第二茬果实成熟，产量为 1.04kg。而普通墙体 4 月 10 日才开始果实成熟。说明主-被动墙体可以缩短果实生长周期 12 天。

### 5.4.6　案例解析 2

#### 1. 应用对象概况

　　供试日光温室位于北京市昌平区小汤山特菜基地（40°N，116°E）。温室未设

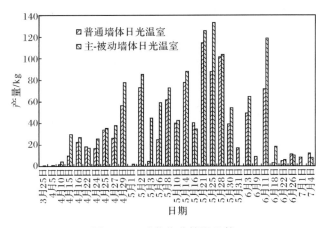

图 5.24　番茄收获情况比较

置其他供暖装置,温室朝向南偏东 4°,东西延长,长 80m,中间由墙体分为两座温室,分别长 40m。温室跨度 9.66m,北墙高 3.5m,脊高4.785m;东墙和西墙均为0.48m 砌块砖墙,前屋面采用 0.12mmEVA 薄膜,前屋面保温覆盖物厚 40mm。

供试日光温室共四座,即两排 80m 温室前后排列,相对位置及尺寸如图 5.25所示,四座温室的区别为后墙构筑方式不同。1 号温室为普通温室,后墙采用480mm 砖墙及 100mm 保温板构筑,2 号温室为被动式相变蓄热温室,后墙内表面采用 40mm 相变砖,中间层采用 480mm 砖墙,外表面采用 100mm 保温板即前述的"三重"结构墙体。3 号温室为主-被动式相变蓄热温室,墙体内表面采用 40mm的相变砖,中间层采用 390mm 的空心砌块砖(除空气通道外其余孔洞用沙土填实),外层采用 100mm 保温板。温室外配置空气集热器为墙体内部提供热量,40m温室配置 32m 空气集热器,每 16m 一组。4 号温室为主动式蓄热温室,墙体内层采用 390mm 的空心砌块砖(除空气通道外,其余孔洞用沙土填实),外层采用100mm 保温板。温室外配置空气集热器为墙体内部提供热量,40m 温室配置 24m空气集热器,每 12m 一组。各温室墙体构造如图 5.26 所示,图 5.26(a)～(d)分别对应1～4 号温室。图 5.27 为各温室内实景图。

2. 应用效果分析

图 5.28 为北京市 2016 年 12 月 5 日～26 日室外空气温度和太阳辐射强度随时间变化情况。通过对 12 月生产期各指标的比较评估,可评价和比较主-被动式相变蓄热墙体、主动式蓄热墙体、被动式相变蓄热墙体和普通墙体在日光温室中的应用效果。

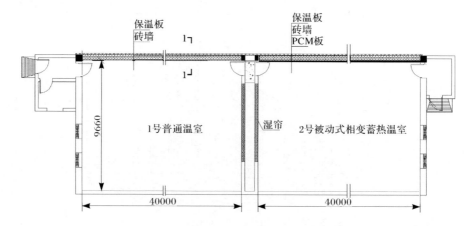

（a）1号和2号温室平面图

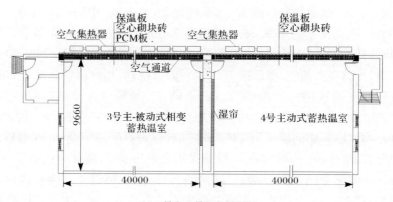

（b）3号和4号温室平面图

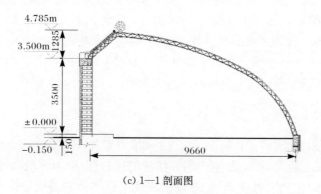

（c）1—1剖面图

图5.25　试验日光温室结构构造示意图（单位：mm）

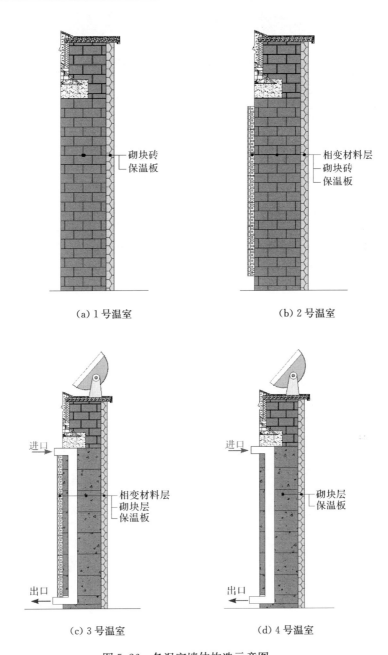

（a）1 号温室　　　　　　　　　　　　　（b）2 号温室

（c）3 号温室　　　　　　　　　　　　　（d）4 号温室

图 5.26　各温室墙体构造示意图

图 5.27　各温室墙体构造实景图

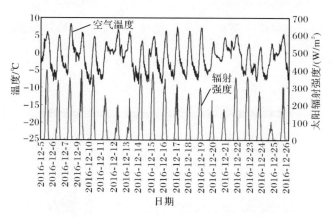

图 5.28　北京市室外空气温度和太阳辐射强度

1) 集热器出口温度

图 5.29 反映了日累积太阳辐射强度为 12~14MJ/m² 条件下,集热器出口温度随时间的变化规律。可以看出,长 16m 的集热器中午 3 个小时可达 65℃以上,且在中午 12:30 左右出口温度最高可达 87℃,进出口温差达 53℃,瞬时集热量可达 3.2kW。

2) 集热器供热能力分析

根据冬季太阳总辐射及环境温度实测数据可知,实测期间,北京地区晴天可达 52%,接收面太阳日辐射强度为 13~20MJ/(m²·d),此时集热器可向日光温室提供的太阳能为 60~75MJ/d;多云天约占 24%,接收面太阳日辐射强度为9~13MJ/(m²·d),相应的集热器可向日光温室提供的太阳能为 40~50MJ/d;阴天

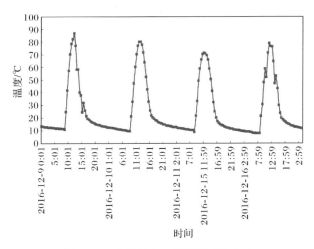

图 5.29　集热器出口温度随时间变化

约占 16%,接收面太阳日辐射强度为 6~9MJ/(m² · d),集热器可向日光温室提供的太阳能为 5~15MJ/d;余下则为雨雪天,如表 5.10 所示。将集热器单位面积日供热量进行统计可得到图 5.30。

表 5.10　不同天气条件下集热器日集热量

| 天气状况 | 占冬季比例/% | 集热器日集热量/MJ |
| --- | --- | --- |
| 晴好天气 | 52 | 60~75 |
| 多云天气 | 24 | 40~50 |
| 阴天 | 16 | 5~15 |
| 雨雪天 | 8 | 0 |

3) 室内空气温度比较

图 5.31 为晴天条件下不同温室室内空气温度比较,可以看出,2 号温室夜间空气温度较 1 号温室分别平均提高 1.4℃,最大提高 1.9℃,相变材料层起到了良好的蓄放热作用。4 号温室夜间空气温度较 1 号温室平均提高 2℃,最大提高 3.3℃,空气集热器主动蓄热方式提高了墙体的蓄热量,与传统墙体 580mm 厚度相比,主动蓄热方式墙体可以减少到 490mm,降低了墙体的厚度。3 号温室夜间空气温度较 1 号温室分别平均提高 2.6℃,最大提高 3.2℃,主-被动式相变蓄热墙体有效地提高了温室内夜间温度,提高效果高于其他温室。

图 5.32 为阴天情况下不同温室室内空气温度比较,可以看出,2 号温室较 1 号温室白天温度平均提高 1.1℃,夜间平均提高 1.4℃,3 号温室较 1 号温室白天温度平均提高 2.3℃,夜间平均提高 2.4℃,4 号温室较 1 号温室白天温度平均提高 1.6℃,夜间平均提高 1.9℃。3 号温室在阴天上午(太阳辐射较弱)时,温室内

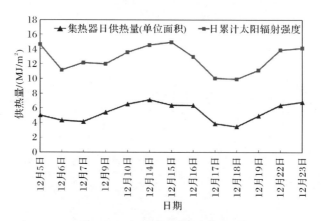

图 5.30  集热器供热能力分析图

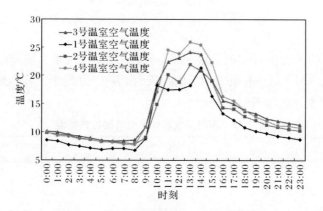

图 5.31  晴天不同温室室内空气温度比较

升温速度较快,4 号温室次之。上午室内温度较快的达到作物生长适宜温度有利于作物的光合作用。

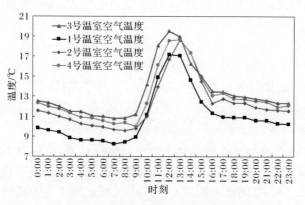

图 5.32  阴天不同温室室内空气温度比较

图 5.33 为不同构筑方式墙体日光温室空气积温比较,可以看出,温室空气积温由高到低依次为 3 号温室、4 号温室、2 号温室和 1 号温室,且在晴天情况下 3 号和 4 号温室的空气积温提升效果明显。

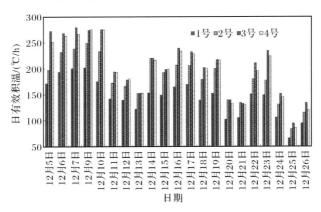

图 5.33　不同构筑方式墙体日光温室空气积温比较

### 4) 墙体表面温度比较

图 5.34 为 3 号与 4 号温室墙体表面温度比较,可以看出,3 号温室白天墙体表面温度与 4 号温室差别不大,但夜间墙体表面温度高于 4 号温室,平均提高 1.2℃,最大提高 1.7℃。由于相变材料可以控制墙体热量放出速度,具有独特的热量"开关"作用,故 3 号温室能够在白天更多地蓄积太阳能,为温室夜间补充热量,提高温室温度。

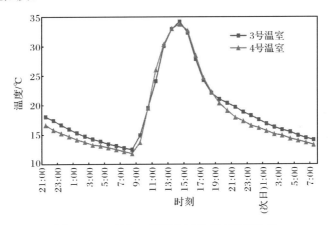

图 5.34　3 号与 4 号温室墙体表面温度比较

### 5) 植株生长状况比较

从表 5.11 可以看出,3 号作物的花层数较多,开花期提前,并且株高平均高出

14cm，主-被动蓄热技术的作用显现。

**表 5.11　作物生长情况对比**

| 类型 | 3 号温室生长状况 | 4 号温室生长状况 |
| --- | --- | --- |
| 株高/cm | 85.6 | 71.8 |
| 叶片数/个 | 15.2 | 12.8 |
| 茎粗/mm | 16 | 14.4 |
| 花层数/个 | 1.4 | 0.9 |

# 5.5　新型日光温室太阳能被动相变蓄热墙体体系

## 5.5.1　新型墙体构筑方式

对于冬季室外环境不太低或日光温室跨度不太大的情况，也可以采用本节提出的新型日光温室太阳能被动相变蓄热"三重"墙体构筑体系（见图 5.35）。即墙体内表面采用 GH-20 型相变材料板，将透过前屋面照射在其上的太阳能以被动潜热储热方式蓄存在墙体内部，提高该墙体层的潜热蓄热能力；墙体中间层采用蓄热性能和传热性能较好的重质砌块砖层；墙体外表面采用热导率小的高性能轻质保温材料，最大化减小流至墙外的太阳能。该墙体体系与 5.4.2 节的太阳能主-被动相变蓄热"三重"墙体构筑体系最大不同是，只在温室北墙体内表面应用 GH-20 相变材料，仅利用相变材料以被动蓄热方式提高墙体内表面的潜热蓄热能力。即使在太阳照射条件下，冬季温室墙体温度也难以超过 40℃，显然这种温度条件下的墙体显热蓄热量是有限的，利用相变材料在相变温度区的潜热蓄热特性，可以大幅提高墙体表面层的太阳能潜热蓄热能力，5.4.5 节和 5.4.6 节的应用案例也说明了这一点。当然，这种仅利用被动蓄热方式墙体的蓄热能力是低于利用主-被动蓄热方式墙体的。

## 5.5.2　案例解析

### 1. 应用对象概况

供试日光温室位于北京市昌平区小汤山特菜基地（40°N，116°E），如图 5.36所示。该温室未设置其他供采暖装置，温室坐北朝南，东西延长，长 54.0m，跨度5.8m，北墙高 2.3m，脊高 2.9m；东墙和西墙均为 0.80m 厚的砌块砖墙，北墙由0.80m 砌块砖墙和 0.05m 保温层构成；前屋面采用0.12mm厚的 EVA 薄膜，夜间覆盖 40mm 厚的保温被。保温被在每天上午 09：00 开启，下午 16：00 关闭。在前

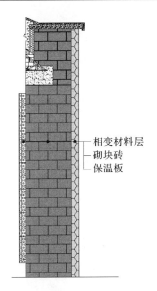

相变材料层
砌块砖
保温板

图 5.35　新型日光温室太阳能被动式相变蓄热"三重"墙体构筑体系

屋面的顶部设有一条形通风口,开启时间为 11:00~14:00。

　　为了便于比较研究,采用 0.10m 厚聚苯板将温室沿长度方向等分成两个温室区域,分别作为普通温室和相变温室。由于 0.10m 厚聚苯板的传热系数仅为 0.26W/(m²·℃),所以两温室之间通过聚苯板的传热可忽略不计。普通温室除北墙外(普通温室北墙只由 0.80m 砌块砖墙和 0.05m 保温层构成,总厚度 0.85m),其他部位与相变温室完全相同。为此,在相变温室北墙内表面粘贴作者团队研制的 0.05m 厚 GH-20 型 PCM 板,形成"三重"结构相变蓄热墙体,如图 5.36(b)所示,该墙体总厚度为 0.90m。各层墙体材料的热工参数见表 5.12。

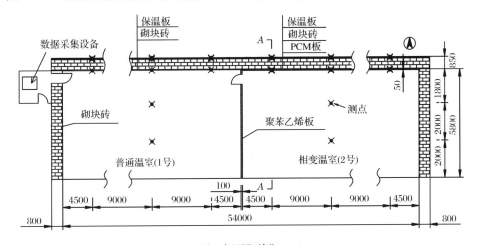

(a) 平面布置图(单位:mm)

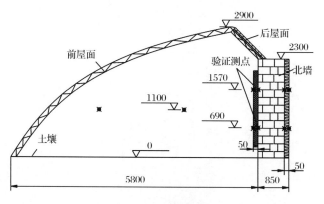

(b) A—A 剖面图(单位:mm)

(c) 相变温室　　　　　　　　　　(d) 普通温室

图 5.36　试验日光温室结构构造及测点布置

表 5.12　"三重"结构相变蓄热墙体的热工性能参数

| 墙体组成 | 厚度/m | 密度/(kg/m³) | 热导率/[W/(m·℃)] | 比热容/[kJ/(kg·℃)] |
|---|---|---|---|---|
| PCM 板 | 0.05 | 900 | 0.56 | 见图 5.6 |
| 砌块砖 | 0.80 | 1800 | 0.81 | 1.05 |
| 保温板 | 0.05 | 30 | 0.042 | 1.38 |

## 2. 测点布置

试验过程中重点关注两个温室北墙体温度(包括 PCM 板前、后点,以及保温板前、后点处的温度)、前(后)屋面温度、空气温度以及土壤温度等参数,各测点布置如图 5.37 所示。各温度传感器采用测试精度为±0.5℃的铜-康铜 T 型热电偶,并对其设置防太阳辐射处理,数据采用两台 HP34970A 型数据采集仪进行实时监测,10min 采集 1 次。同时,采用 PC-3 型便携式移动气象站实时监测太阳辐射度、室外空气温度和风速等参数,该设备的性能参数见表 5.13,测试时间为 2011

年 12 月 31 日～2012 年 2 月 29 日。

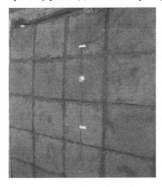

(a) 相变温室墙体测点

(b) 普通温室墙体测点

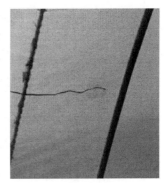

(c) 薄膜表面测点

(d) 土壤测点

(e) 室内空气测点

(f) 数据采集装置

图 5.37　现场试验测点布置与数据采集

**表 5.13　PC-3 型便携式移动气象站性能参数**

| 测试参数 | 型号 | 测量范围 | 分辨率 | 精度 |
|---|---|---|---|---|
| 风向 | EC-9X | 0～360° | 3° | ±3° |
| 风速($v$) | EC-9S | 0～70m/s | 0.1m/s | ±(0.3+0.03$v$)m/s |
| 相对湿度 | PTS-3 | 0～100% | 0.1% | ±2%(≤80%)<br>±5%(>80%) |
| 环境温度 | PTS-3 | −50～80℃ | 0.1℃ | ±0.1℃ |
| 散射辐射 | TBD-1 | 0～2000W | 1W/m² | ≤5% |
| 直接辐射 | TBS-2-2 | 0～2000W | 1W/m² | ≤5% |
| 总辐射 | TBQ-2 | 0～2000W | 1W/m² | ≤5% |

在试验期间(2011 年 10 月 15 日～2012 年 3 月 14 日),普通温室(1 号)和相变温室(2 号)内分别种植相同品种的番茄。对温室内番茄的日常水肥管理完全一

样。为了便于对比分析,在每个温室分别选取 10 株仙客 6 号番茄样本,跟踪观测其生长状态。在幼苗定植到温室作物打顶期间,每隔两周左右对试验番茄的形态测定一次,重点关注番茄株高、茎粗等形态指标变化,在作物打顶后,测定果实形态和果实产量。

### 3. 应用效果分析

为了全面评价三重结构相变墙体在复杂天气条件下长期的热工性能,采用温室环境温度、日有效积温、墙体表面温度、相变材料平均温度以及墙体蓄热、放热性能等一系列评价参数对"三重"结构相变蓄热墙体在长期以及晴天和阴天条件下进行对比分析。

#### 1) 试验测试期间室外气象条件

试验测试期间室外气象参数如图 5.38 所示。可以看出,测试期间室外晴天占 69.4%,阴天占 30.6%。在晴天,室外空气温度为 -13.0~8.0℃,而阴天为 -8.0~7.0℃。为了便于分析比较,本章选取具有代表性的晴天(2012 年 2 月 17 日)和阴天(2012 年 1 月 15 日)进行分析,典型日室外气象参数如图 5.39 所示。可以看出,典型日室外空气温度变化类似,普通温室与相变温室热环境的差异性主要由相变材料的蓄热性能引起。

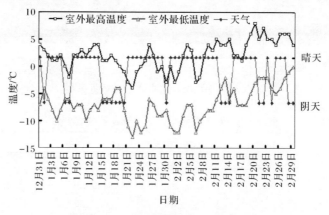

图 5.38　试验期间的室外气象参数

#### 2) 温室环境温度分析

图 5.40 为不同天气条件下普通温室和相变温室的环境温度图。由图 5.40(a)可以看出,保温被开启时(9:00),普通温室和相变温室的环境温度分别为 8.8℃和 8.4℃,随后,受太阳辐照和围护结构壁面辐射换热的影响,温室环境温度快速上升,普通温室与相变温室的环境温度在 13:00 前后均达到最高值,分别为 24.6℃和 23.9℃,在 13:00 之后,两温室的环境温度都开始逐渐下降,保温覆盖物关闭时

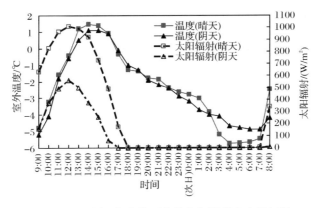

图 5.39　不同天气条件下室外空气温度和太阳辐射

(16：00)，普通温室和相变温室的环境温度分别为 19.4℃和 19.9℃。白天，相变温室环境平均温度较普通温室低 0.6℃，最大温差达到 1.8℃。夜间，由于前屋面保温覆盖物的关闭提高了温室的保温性能，因此温室环境温度的降低速率逐渐减小，但是相变温室的环境温度始终高于普通温室，最大温差达到 1.1℃，而平均温差达到 0.8℃。相关研究表明，温室蔬菜光合物质运转多是在光合作用后 8～9h 内进行，而且白天运转量占总量的 70%，夜间占 30%。因此，不仅白天需要较适宜的温度以满足光合物质运转的需要，前半夜也需要较高温度以促进光合物质的运转。较高的温室环境温度为温室作物的生长提供了良好的室内热环境，从而有利于提高作物的产量。

由图 5.40(b)可以看出，与普通温室相比，相变温室的环境温度在阴天条件下都高于普通温室。在阴天的白天，相变温室与普通温室的环境温度最大温差达到 1.2℃，平均温差达到 0.6℃，而夜间，两者之间环境温度的最大温差和平均温差分别为 0.6℃和 0.5℃。这表明，与晴天相比，阴天条件下相变材料对提升室内环境温度的贡献作用减弱，这主要是因为阴天白天的太阳辐射较弱。

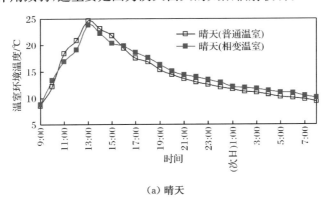

(a) 晴天

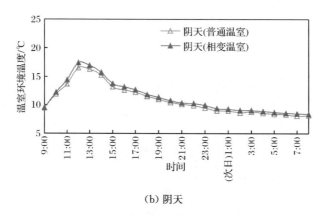

(b) 阴天

图 5.40 不同天气条件下日光温室的环境温度

3) 日有效积温分析

日有效积温可用于反映相变材料对日光温室室内热环境的长期影响。根据试验期间温室内环境温度以及日有效积温的计算公式,可计算出温室的日有效积温,如图 5.41 所示。很明显,相变材料的使用可以提高日光温室长期的日有效积温,相变温室的最大日有效积温达到 311.3℃·h,平均日有效积温为 196.4℃·h;普通温室的最大日有效积温达到 280.9℃·h,平均日有效积温为 184.4℃·h。相变温室的日有效积温相对于普通温室的增长率达到 15.3%,平均增长率达到 6.4%。天气条件对日光温室的日有效积温有显著的影响,晴天和阴天条件下,相变温室的日有效积温分别为 214.3℃·h 和 155.7℃·h,而普通温室的日有效积温分别为 201.8℃·h 和 145.1℃·h。这表明在晴天条件下,相变温室的室内环境温度更容易保持在温室作物适宜的温度区间内。

4) 墙体表面温度分析

图 5.42 给出了不同天气条件下相变温室和普通温室墙体表面温度随时间的变化关系。可以看出,由于相变材料墙体较高的蓄热性能,无论晴天还是阴天,相变材料墙体的表面温度都保持在较狭窄的温度范围。在晴天,相变材料墙体表面在 14:00 达到最高温度 26.4℃,普通材料墙体表面在 13:00 达到最高温度 27.8℃,对应的相变材料与普通材料墙体表面在 9:00 分别达到最低温度 10.6℃ 和 9.5℃;而在阴天,相变材料和普通材料墙体表面都在 13:00 最高温度分别达到 18.7℃ 和 18.3℃,对应的相变材料与普通材料墙体表面都在 9:00 最低温度分别达到 10.1℃ 和 9.2℃。值得注意的是,在不同天气条件下,相变材料墙体窄的温度范围都处在相变材料相变温度范围内,相变材料能够储存大量的热能。所以,相变材料墙体表面温度的增长率与减少率都低于普通材料墙体,这是由于相变材料在白天光照时段能够吸收更多的热量,而在夜间释放更多的热量。

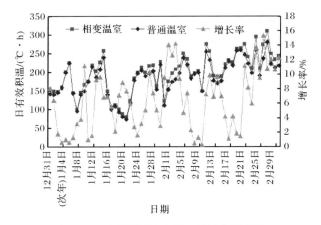

图 5.41　试验期间日光温室的日有效积温

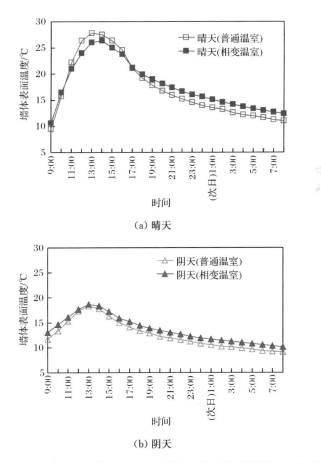

（a）晴天

（b）阴天

图 5.42　不同天气条件下两温室墙体表面温度随时间的变化关系

5) 墙体温度分布特性

根据两个试验温室墙体内外壁面温度的实测结果进行模拟,可得到墙体内各节点的温度场分布,如图 5.43 所示。可以看出,在太阳透射辐射和室外环境的作用下,沿着温室北墙体厚度方向,两墙体内部都存在较为分明的热区、过渡区和冷区,对于"三重"结构相变蓄热墙体和普通墙体,墙体室内和室外侧的热区冷区厚度分别约为 0.30m 和 0.05m,分别占两墙体总厚度的 33.3%、35.3%和 5.6%、5.9%;而温度较为稳定的过渡区厚度分别为 0.55m 和 0.50m,分别占两墙体总厚的 61.1%和 58.8%。

值得注意的是,"三重"结构相变蓄热墙体过渡区的温度较普通墙体高 1.0~2.5℃;在保温覆盖物开启时段(9:00~16:00),"三重"结构相变蓄热墙体表面比普通墙体略低 1~2℃,但在保温覆盖物关闭时段(16:00~次日 9:00),"三重"结构相变蓄热墙体中 PCM 板层的温度比普通墙体高 2.0~5.0℃。在"三重"结构相变蓄热墙体和普通墙体中,墙体温度高于 5℃的厚度分别达到 790mm 和 740mm。

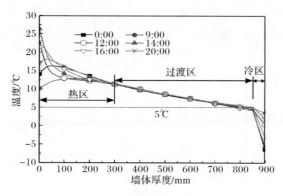

(a) 相变墙体

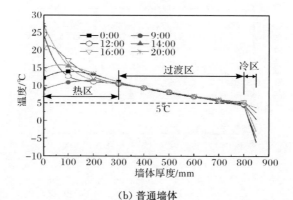

(b) 普通墙体

图 5.43　典型日"三重"结构相变蓄热墙体与普通墙体的内部温度分布($I=9.66\mathrm{MJ/m^2}$)

这表明"三重"结构相变蓄热墙体可以提高墙体的夜间温度,增加墙体的蓄热性能。

6）相变材料层平均温度分析

为了评价"三重"结构相变蓄热墙体中相变材料层的长期热性能,根据试验期间供试温室墙体实测数据以及利用墙体传热模型所得到的温度场分布,得到如图 5.44 所示的试验期间相变材料层平均温度随时间的变化。

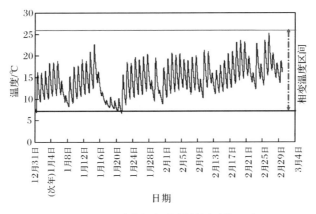

图 5.44　试验期间相变材料层平均温度

可以明显看出,相变材料层平均温度在整个测试期间总处在不断变化的状态,但是在多数情况下,其温度都处在相变材料的相变区间之内。这反映出在多数试验时段,相变材料都处在高效蓄放热的相变区间内,蓄热墙体的蓄放热性能得到了充分发挥。在晴天白天,由于充足的太阳辐射作用,相变材料层平均温度较高,而当无太阳辐射时,相变材料层平均温度较小。晴天白天相变材料层平均温度升高了 7.8℃,夜间相变材料层平均温度降低了 7.2℃,这说明相变材料在晴天时相变较好,其蓄热量高于放热量。但在阴天白天,由于太阳辐射较弱,相变材料层平均温度仅升高了 2.7℃,远低于晴天。然而,由于温室室内环境温度较低,保温覆盖物开启时的相变材料层平均温度远低于关闭时相变材料层平均温度,降低了 3.7℃。这说明即使在太阳辐射不佳的阴天,尽管相变材料在阴天白天蓄热不充分,但其在夜间能够释放更多的热量以弥补太阳辐射不足的影响,相变材料的相变蓄放热能力得到了利用和发挥。

7）墙体蓄热性能分析

图 5.45 为试验期间墙体的日蓄热量与 PCM 蓄热率随时间的变化关系。可以看出,在晴天和阴天,相变墙体的蓄热量均高于普通墙体。在晴天日照期间,相变墙体的平均日蓄热量为 3043.8kJ/m²,普通墙体为 2754.8kJ/m²,相变材料墙体日蓄热率为 10.5%。在阴天日照期间,相变墙体和普通墙体的平均日蓄热量分别

为 1111.4kJ/m² 和 993.6kJ/m²，相变材料墙体日蓄热率为 11.8%。由于晴天有充足的太阳辐射作用，因此与阴天相比，相变材料墙体能够吸收和储存更多的热量。此外，在不同天气条件下，相变材料在相变蓄热墙体的日蓄热量中起十分重要的作用，在晴天和阴天，PCM 的平均蓄热率分别达到 78.1% 和 80.3%。

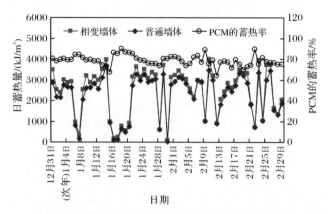

图 5.45　试验期间墙体的日蓄热量与 PCM 的蓄热率随时间的变化关系

由图 5.46 分析可知，在太阳日累计辐射量为 9.66MJ/m² 的条件下，保温被关闭时刻（1 月 26 日 16：00）：①相变温室和普通温室墙体的有效蓄热量差异主要体现在温室内侧墙体热区的蓄热特性方面，特别是 0.05m 厚 PCM 板的有效蓄热量是同厚度普通温室砌块砖墙的 1.84 倍，达到 2.9MJ/m²，充分发挥了墙体热区的能量品位优势。②相变温室墙体过渡区的有效蓄热量明显高于普通温室墙体，满足了提高"三重"结构墙体过渡区显热蓄热的要求。另外，对于"三重"结构相变蓄热墙体，0.05m 厚的 PCM 板和 0.80m 厚的砌块砖的有效蓄热量分别为 2.9MJ/m² 和 6.9MJ/m²，前者的蓄热量约占墙体总蓄热量的 30.0%；相应 0.05m 厚的 PCM 板的单位体积有效蓄热量为 58.0MJ/m³，是 0.80m 厚砌块砖层的 6.7 倍；砌块砖墙的有效蓄热量沿墙体厚度方向不断减少，有效蓄热厚度为 0.5～0.6m。③两温室墙体外侧冷区中保温材料层的有效蓄热能力虽为零，但由于其具有良好的保温性能，有效地减少了通过外墙流失的热量，达到了有效抑制热损失的目的。因此，这些结果验证了"三重"结构相变蓄热墙体构筑方法的科学性。

8）墙体放热性能分析

图 5.47 为试验期间温室墙体的日放热量与 PCM 放热率随时间的变化关系。可以看出，在不同天气条件下，相变墙体的日放热量高于普通墙体。在晴天夜间，相变墙体的平均日放热量为 2503.4kJ/m²，而普通墙体的平均日放热量为 2341.6kJ/m²，相变材料墙体日放热增长率为 6.9%；在阴天夜间，相变墙体和普通墙体的平均日放热量分别为 1850.1kJ/m² 和 1572.3kJ/m²，相变材料墙体日放热

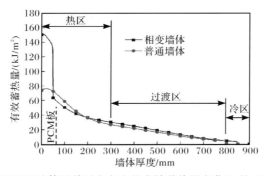

图 5.46　两温室墙体沿其厚度方向的有效蓄热量变化(1 月 26 日 16:00)

增长率为 17.7%。与墙体蓄热性能相类似,在夜间,好的天气条件能够提高相变墙体的放热量。在不同天气条件下,相变材料对相变材料墙体的日放热量起最重要的作用。在晴天和阴天,PCM 的平均放热率分别达到 86.3%和 62.6%。

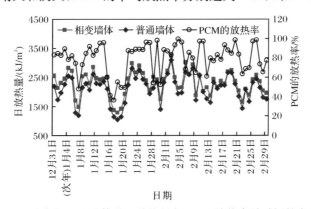

图 5.47　试验期间温室墙体的日放热量与 PCM 放热率随时间的变化关系

9) 两温室作物产量对比

试验表明,每天平均温度相差 1℃,温室作物果实成熟期将相差三天左右,也就是说,每天平均温度提高 1℃,果实成熟期可提前三天左右;反之,则延后三天左右。所以,改善日光温室热环境对提高温室作物的产量和品质有着重要的作用。通过分析可知,"三重"结构相变墙体表面温度及其墙体蓄热能力的提升,提高了温室环境温度,有效地改善了作物生长热环境,同时也增强了作物抵抗虫害侵蚀的能力。试验期间,在两个试验温室中分别选取了 10 株仙客 6 号番茄进行对比。在水肥栽培管理条件完全一样的条件下,作物定植 20 天以后,相变温室作物的生长状况始终优于普通温室,直至采摘期结束。表 5.14 为 2011 年 11 月 4 日~2012 年 1 月 11 日两个温室各生长期作物形态指标的比较结果。可以看出,植株定植后 23 天(11 月 4 日),相变温室的株高较普通温室平均高出 7.6cm;进入开花期(11

月 30 日),相变温室的株高较普通温室平均高出 22.3cm;进入坐果期(12 月 14
日)时,两温室的株高已相差 27.6cm。分析整个作物生长期间的形态差异可以看
出,无论株高还是茎粗,相变温室作物的生长状况均优于普通温室的作物,如
图 5.48 所示。由表 5.15 可知,相变温室 10 株番茄的结果数量、果实的纵横径以
及产量都显著高于普通温室。相变温室的产量是普通温室的 6.7 倍,果实的纵横
径较后者增大了 1.3 倍,并且整个温室番茄的总产量为普通温室的 1.7 倍,单位温
室面积的总产量提高了 71.4%。

表 5.14　两个试验温室 10 株仙客 6 号番茄形态指标对比

| 测试时间 | 指标 | 相变温室 | 普通温室 | 差值 |
|---|---|---|---|---|
| 2011-11-4 | 株高/cm | 66.2 | 58.6 | 7.6* |
| | 茎粗/mm | 7.0 | 6.6 | 0.4 |
| 2011-11-14 | 株高/cm | 91.2 | 75.6 | 15.6** |
| | 茎粗/mm | 10.2 | 8.1 | 2.1* |
| 2011-11-30 (进入开花期) | 株高/cm | 126.6 | 104.3 | 22.3** |
| | 茎粗/mm | 10 | 9.6 | 0.4 |
| 2011-12-14 (进入坐果期) | 株高/cm | 149.2 | 121.6 | 27.6** |
| | 茎粗/mm | 11.1 | 10.4 | 0.7 |
| 2011-12-31 | 株高/cm | 176.7 | 148 | 28.7** |
| | 茎粗/mm | 11 | 10.3 | 0.7 |
| 2012-1-11 (进入植株打顶期) | 株高/cm | 187.5 | 159.7 | 27.8** |
| | 茎粗/mm | 10.7 | 10.4 | 0.3 |

注:用 $T$ 检验法进行差异显著性分析,相变温室和普通温室的株高和茎粗进行对比,* 表示差异显著
($p=0.05$),** 表示差异极显著($p=0.01$)。

(a)普通温室作物生长与结果情况　　　(b)相变温室作物生长与结果情况

图 5.48　两试验温室作物生长与结果情况现场对比

**表 5.15　两试验温室番茄结果情况比较**

| 名称 | 果实横径/mm | 果实纵径/mm | 结果数/个 | 产量/kg | 总平均产量/(kg/m²) |
|------|------------|------------|-----------|---------|------------------|
| 普通温室 | 45.0 | 31.5 | 7 | 0.45 | 0.7 |
| 相变温室 | 60.2 | 42.0 | 25 | 3 | 1.2 |

### 5.5.3　存在问题

墙体内部温度场的分析结果表明[见图 5.49(a)],受墙体传热能力的限制,透过塑料薄膜投射到温室后墙体太阳辐射深入墙体的深度仅为 200~300mm,墙体内部存在温度稳定区,温度稳定区的平均温度水平直接影响墙体的显热蓄热量。墙体内部蓄热量分析结果表明[见图 5.49(b)],"三重"结构相变蓄热墙体只要蓄热量集中在墙体表面深度 50mm 处,墙体内部蓄热量有限且略低于普通墙体。仅依靠墙体被动式显热蓄热方式,白天太阳能的蓄热量非常有限,难以满足寒冷的夜晚温室作物生长对热环境的需求。关于被动式墙体构筑方式存在的以上问题,将在第 6 章进行详细介绍。

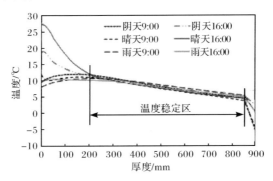

(a) 墙体内部温度场

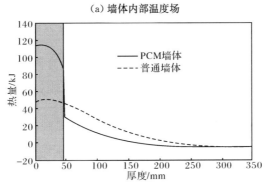

(b) 墙体蓄热量比较

图 5.49　墙体内部温度场与蓄热量

# 5.6　日光温室围护结构热工性能优化设计

## 5.6.1　墙体几何尺寸

### 1. GH-20 相变材料层

图 5.50 反映了不同相变材料层厚度变化对墙体内表面供热量和外表面散热量的影响规律。相变材料主要通过白天的被动蓄热为夜晚放热提供热源,因此相变材料厚度直接影响其蓄热能力的大小。相变材料层厚度从 20mm 增加到 40mm 时,相变材料层可为温室环境提供的热量随之增加;但随着相变材料层的继续增厚,受其自身传热能力的限制,相变材料层可为温室环境提供的热量逐渐减小;随着厚度的增加,通过相变材料层向外界的散热量呈单值缓慢下降趋势。基于上述分析,相变材料层的最佳厚度可考虑为 40～50mm。

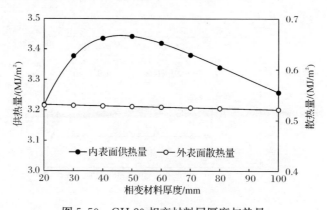

图 5.50　GH-20 相变材料层厚度与热量

### 2. 中间砌块层

(1) 图 5.51～图 5.53 分别反映了竖向空气通道厚度、宽度、长度变化对对流换热能力的影响规律。综合分析结果,竖向空气通道的最佳几何尺寸为:厚度 0.15～0.20m,宽度 0.15～0.20m,长度 3～4m。

(2) 空气通道前、后侧砌块层厚度。空气通道位于砌块层的中间,图 5.54 反映了位于空气通道前侧(墙体内侧)砌块层厚度变化对墙体内表面供热量和外表面散热量的影响规律。分析结果表明,当空气通道前侧砌块厚度为 80mm、后侧砌块层厚度为 150～250mm 时,砌块层夜间向温室内提供的热量最大为 3.47MJ/m²,向外表面散热量也比较小,为 0.53MJ/m²(见图 5.55)。

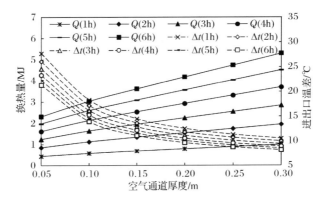

图 5.51　竖向空气通道厚度的影响

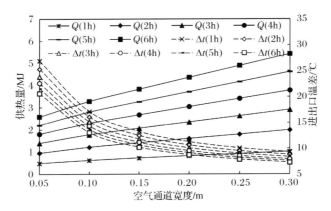

图 5.52　竖向空气通道宽度的影响

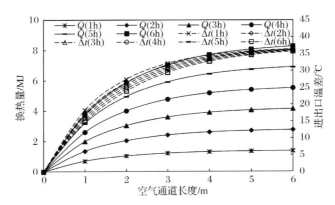

图 5.53　竖向空气通道长度的影响

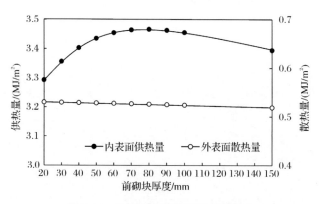

图 5.54　空气通道前砌块厚度的影响

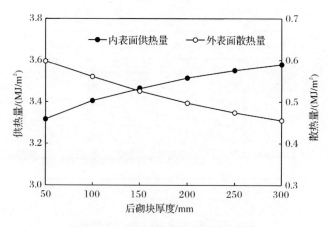

图 5.55　空气通道后砌块厚度的影响

### 3. 保温材料层厚度

图 5.56 反映了位于墙体外侧保温材料层厚度变化对墙体内表面供热量和外表面散热量的影响规律。综合分析结果,当保温材料层厚度为 100~200mm 时,夜间的墙体内表面供热量相对较大,为 3.44~3.47MJ/m²;向外表面散热量相对较小,为 0.48~0.53MJ/m²。

### 4. 被动式相变蓄热"三重"墙体设计参数推荐值

根据上述计算分析方法,可以给出我国优势种植地区新型日光温室太阳能被动式相变蓄热"三重"墙体主要设计参数(见表 5.16)。

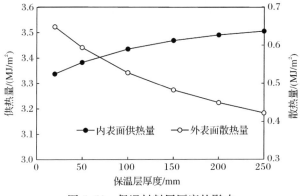

图 5.56　保温材料层厚度的影响

表 5.16　我国优势种植地区被动式相变蓄热"三重"墙体推荐值

| 优势区域 | 相变材料厚度/mm | 砌块层厚度/mm | 保温层厚度/mm | 热阻/(m² · ℃/W) |
|---|---|---|---|---|
| 乌鲁木齐 | 40 | 610 | 150 | 4.40 |
| 沈阳 | 40 | 610 | 100 | 3.21 |
| 北京 | 40 | 490 | 100 | 3.06 |
| 寿光 | 40 | 490 | 100 | 3.06 |
| 兰州 | 40 | 490 | 100 | 3.06 |
| 西安 | 40 | 490 | 100 | 3.06 |

## 5.6.2　后屋面热阻

日光温室后屋面的主要作用是保温。后屋面热阻过小，不仅冬季通过其向外界流失的热量增大，而且会导致冬季屋面内表面结露。图 5.57 反映了日光温室后屋面热阻与热损失的关系，随着后屋面热阻的增加，通过其向外界流失热量的速率呈先下降较大后逐渐趋缓的趋势。

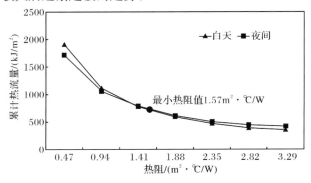

图 5.57　日光温室后屋面热阻与热损失的关系

表 5.17 为应用 EnergyPlus 软件计算得到的我国优势种植地区日光温室后屋面热阻优化设计推荐值。

**表 5.17　我国优势种植地区日光温室后屋面热阻优化设计推荐值**

| 城市 | 纬度 | 保温层厚度/mm | 热阻推荐值/(m² · ℃/W) |
|------|------|------|------|
| 乌鲁木齐 | 43.9°N | 130 | 3.09 |
| 沈阳 | 41.7°N | 120 | 2.82 |
| 北京 | 39.8°N | 80 | 1.88 |
| 寿光 | 37.5°N | 60 | 1.41 |
| 兰州 | 36.1°N | 70 | 1.64 |
| 西安 | 34.3°N | 70 | 1.64 |

### 5.6.3　前屋面保温覆盖物热阻

日光温室前屋面是热量向外界流失的关键部位,特别是夜间约 50% 的热量是从前屋面向外界流失的。因此,合理确定前屋面保温覆盖物热阻,对提高温室围护结构整体保温性能非常重要。

图 5.58 反映了温室前屋面保温覆盖物热阻与热损失的关系,随着保温覆盖物热阻的增加,通过其向外界流失热量的速率也呈先下降较大后逐渐趋缓的趋势。

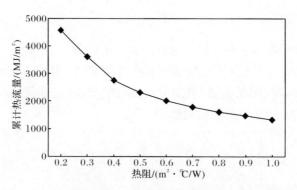

图 5.58　日光温室前屋面保温覆盖物热阻与热损失的关系

表 5.18 为应用 EnergyPlus 软件计算得到的我国优势种植地区日光温室前屋面保温覆盖物热阻优化设计推荐值。

**表 5.18　我国优势种植地区日光温室前屋面保温覆盖物热阻推荐值**

| 城市 | 纬度 | 前屋面热阻/(m² · K/W) |
|------|------|------|
| 沈阳 | 41.7°N | 1.1 |
| 北京 | 39.8°N | 0.8 |
| 寿光 | 37.5°N | 0.6 |
| 西安 | 34.3°N | 0.7 |
| 兰州 | 36.1°N | 0.6 |
| 乌鲁木齐 | 43.9°N | 1.3 |

# 第6章 日光温室光热环境营造调控

## 6.1 人工调控必要性与基本方法

为了确保蔬菜作物生长过程中所需要的光热环境,日光温室光热环境营造过程的根本任务是,通过合理的日光温室建筑朝向和建筑空间形态设计,获得必要的太阳光照与光热;通过合理的日光温室墙体构筑方式及其热工性能设计,以冬季反季节蔬菜作物生产需要向温室补充的热量最小为目的,为日光温室全部利用太阳能满足其热环境调控需要提供条件[49~54]。

太阳辐射与气象要素双重周期性热作用特性直接影响温室热环境的稳定性,因此,需要通过人工调控的方法营造蔬菜在各个不同生长阶段所需要的热环境。而调控方法和调控手段的科学性与精准性,直接影响蔬菜的产量和品质。目前常见的调控方式有光调控、温度调控和湿度调控。

### 6.1.1 光调控

日光温室的光调控重点关注温室内的辐照度、辐射总量、日照时间和光谱成分。温室内辐照度太弱是寒冷季节温室蔬菜栽培时间短使得长日照蔬菜生长发育不良的主要问题之一;辐射总量的不足与日长有关;而寒冷季节日照时间短,也影响了长日照植物的生长发育;目前对光谱影响的认识还有限[1]。

温室建筑空间形态合理设计和温室前屋面透光材料科学选择,直接影响温室采光效果。通过对温室建筑朝向和建筑空间形态特征参数(高跨比、北墙高度、后屋面水平投影长度等)的优化设计,提高温室前屋面截获太阳辐射的能力。选择具有高透射率、防尘、无滴水、耐用等特性的前屋面透光材料,可以充分利用当地太阳能资源,为温室光热环境的营造提供条件[55~58]。

夏季,可采取各种遮阳措施减弱过强的太阳辐射对温室的影响,同时也起到降温作用。例如,采用覆盖遮阳网、无纺布、遮光保温幕、苇帘等遮光物,使用玻璃面流水可遮光 25%,并降低室温 4℃等。

对于在太阳光照较弱的天气条件下,可使用各种电光源进行人工补光,以弥补自然光源的不足,从而满足蔬菜作物生长过程光周期的需求。

## 6.1.2　温度调控

温室内的温度可以通过供热加温、冷却降温的方式进行调控。阻止降温或防止升温措施的本质是通过加热或冷却方式,营造出不同于室外自然环境温度的人工环境空间,以满足蔬菜作物生长发育的需要。在现代设施农业生产中,营造适于蔬菜作物适宜的热环境应该成为保障设施农业生产正常进行的条件,为蔬菜作物的反季节高产高效生产提供基础保障。

温室的保温和蓄热与采光具有同等重要意义,如果说采光是获取太阳能量的过程,那么保温和蓄热则是保存并延迟释放太阳能量的手段。但对于高纬度、高海拔地区,由于寒冷季节气温过低、太阳辐照度不足,难以仅靠自身围护结构热工性能提升和辅助保温增光等被动措施维持植物生长发育必需的温室小气候环境[2]。需要采取一些主动供热加温措施,以保证温室生产正常进行。

传统的温室供热加温主要通过空气加热、土壤加热等方式,主要的加热手段有:①煤火加热,使用火墙、火炕、烟道等加热温室;②煤气加热,使用煤气点火加热器和鼓风机等;③电加热,使用电炉、电热线(主要用于加热土壤)、红外线加热器、红外线灯管等;④热水(或热蒸汽)管道加上散热器加热。传统的温室供热加温方式如表 6.1 所示[1]。

表 6.1　传统温室供热加温方式与特点

| 方式 | 要点 | 效果 | 性能 | 维护管理 | 费用 | 适用对象 | 其他 |
|---|---|---|---|---|---|---|---|
| 热风采暖 | 直接加热空气 | 停机后缺少保温性,温度不稳定 | 预热时间短,升温快 | 不用水,易操纵 | 比热水采暖便宜 | 各种温室,塑料棚室 | 不用配管和散热器,作业性好,燃烧用空气由温室提供时需要通风换气 |
| 热气采暖 | 将 100～110℃的水蒸气转为热风或热水进行采暖 | 余热少,停机后缺少保温性 | 预热时间短,自动控制稍难 | 对锅炉要求高,水质处理不严格时,输气管易被腐蚀 | 比热水采暖贵 | 大型温室群,在高差大的地方建造地温室 | 可做土壤消毒,散热管较难配置适宜,易产生局部高温 |
| 热水采暖 | 以 60～80℃热水循环或热水与热空气进行热交换后以热风采暖 | 加热缓和,余热多,停机后保温性高 | 预热时间长,可根据采暖负荷的变动改变热水温度 | 对锅炉要求比热水采暖低,水质处理较容易 | 需用配管及散热器,成本较高 | 大型温室 | 寒冷地区的管道应该具有防冻保护措施 |

| 方式 | 要点 | 效果 | 性能 | 维护管理 | 费用 | 适用对象 | 其他 |
|------|------|------|------|----------|------|----------|------|
| 电采暖 | 用电热温床线和电暖风加热采暖器 | 停机后缺少保温性 | 预热时间短,最容易控制 | 最易操作 | 费用较低 | 小型育苗温室,加热土壤辅助采暖 | 耗电多,生产上使用不经济 |
| 辐射采暖 | 用液化石油气燃烧的红外取暖器 | 机后缺少保温性,可升高植物体温 | 预热时间短,容易控制 | 使用方便 | 费用低 | 临时辅助采暖 | 耗气多,大量长时间用不经济,有释放 $CO_2$ 的效果 |
| 火炉采暖 | 用地炉、铁炉燃烧煤、柴,通过烟道或火墙加热取暖 | 封火后仍有一定的保温性,有辐射加温效果 | 预热时间长,不易控制 | 较易维护,操作费工 | 费用低 | 土温室、日光温室 | 必须注意通风,防止煤气中毒 |

　　需要指出的是,采用上述手段为温室加热升温,营造温室蔬菜作物需要的热环境的过程,是需要消耗大量能源的。因此,在进行供热加温系统设计,确定维持室内作物生长发育下限温度的所需设备供热能力的同时,还必须充分考虑供热设备系统的一次性投资以及维持其安全运行费用的技术经济合理性,另外还需要考虑供热设备系统的热效率和环保性能[59]。

### 6.1.3　湿度调控

　　由于温室内经常处于空气湿度过高、内表面结露多,滴落沾湿植物体表的状态,因此湿度调控的主要内容是除湿,目的是降低空气湿度和防止作物沾湿感染病害。温室除湿方法可以分为两类:主动除湿和被动除湿。温室除湿使用动力(电或其他能源)为主动除湿,否则为被动除湿。

## 6.2　新型太阳能空气加热通风控制方式

### 6.2.1　系统构成及其原理

　　太阳能空气加热通风控制系统主要由太阳能空气集热器、送风管道、调节风阀、墙体空气通道(见 5.4 节)、通风机、回风阀门、回风管道等构成(见图 6.1)。系统可通过四种不同的运行模式(蓄热模式、取热模式、直送模式、放顶风模式),实现对温室热环境的调节与控制。该系统全部利用太阳能和室外空气实现温室环境的供暖和通风换气。

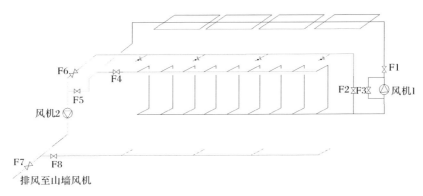

图 6.1　通风控制系统

## 6.2.2　四种运行模式

### 1. 蓄热模式

图 6.2 为蓄热模式原理图。白天日照充足,温室内气温达到设计要求,将墙体内空气通过风机送入太阳能集热器加热后再送入墙体,形成循环,提高墙体内部层的温度。

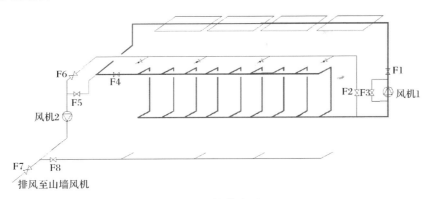

图 6.2　蓄热模式原理

### 2. 取热模式

图 6.3 为取热模式原理图。夜间温室内温度较低,达不到设计要求时,将温室顶部的空气送入墙体空气通道,与白天蓄热后的墙体进行换热,被加热后由温室前部送入温室,提高温室作物周围空气温度并降低相对湿度,以防止低温造成的结露等危害。

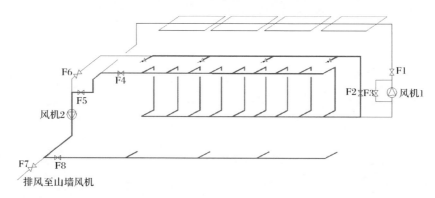

图 6.3　取热模式原理

**3. 直送模式**

图 6.4 为直送模式原理图。白天温室内气温达不到设计要求，集热器出口温度大于室内温度时，或在雨雪天气后保温覆盖物无法开启，室外太阳辐照强度较高情况下，将温室顶部的空气通过风机送入集热器，加热后送入温室内，提高温室空气温度。

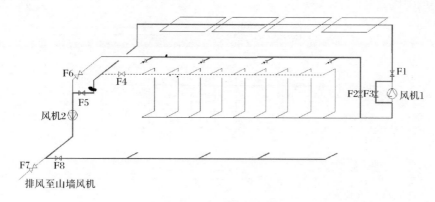

图 6.4　直送模式原理

**4. 放顶风模式**

图 6.5 为放顶风模式原理图。白天温室内需要排除高温高湿，并补充二氧化碳，将温室顶部的高温空气通过风机引至温室下部，调节阀门 F7、F8 开度控制排出室外和送入温室下部的风量。送入温室下部的空气与腰风相混合，提高新风温度，防止作物由于放风产生低温灾害。

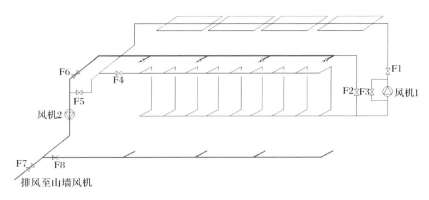

图 6.5　放顶风模式

### 6.2.3　常见太阳能空气集热器

太阳能集热器是一种收集太阳辐射并向流经自身的传热工质传递热量的装置。太阳能集热器可以根据不同的方法进行分类。

按传热工质不同可分为液体集热器和空气集热器。

按收集太阳辐射方法不同可分为聚光型太阳能集热器和非聚光型太阳能集热器。

按集热器是否跟踪太阳分为跟踪集热器和非跟踪集热器。

按集热器的结构不同可分为平板集热器、真空管集热器和热管真空管集热器。

按集热器的工作温度不同可分为 100℃以下的低温集热器、100～200℃的中温集热器和 200℃以上的高温集热器。

太阳能集热器已广泛应用在工业、农业工程中。空气集热器便于维护管理，没有冻结等问题，更适于在日光温室中应用。以下重点介绍目前常见的几种空气集热器。

#### 1．平板型太阳能空气集热器

太阳能平板型空气集热器主要由吸热板、透明盖板、隔热层和外壳等几部分组成，如图 6.6 和图 6.7 所示。吸热板一般采用铜铝合金、铜铝复合材料、不锈钢、镀锌钢等材料制作，是集热器的一个重要组成部分，主要型式有翅片管式、平板式、蛇形管式等。平板型太阳能空气集热器集热原理为：将穿过透明盖板的太阳辐射投射在吸热板上，吸热板吸热后转化成热能传递给集热器内的流动空气，空气温度升高后作为热量输出。与此同时，温度升高后的吸热板也通过传导、对流和辐射等方式向周围环境散失热量，是平板型太阳能空气集热器的主要热量损失[60~62]。

图 6.6　平板型集热器

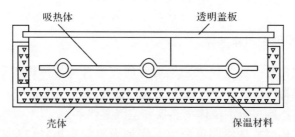

图 6.7　平板型集热器内部结构示意图

### 2. 真空管型空气集热器

#### 1) 全玻璃真空管

全玻璃真空管由外玻璃管、内玻璃管、选择性吸收涂层、真空层、弹簧支架、消气剂和保护帽等部件组成,如图 6.8 所示。将内玻璃管和外玻璃管之间的夹层抽成高真空,在外玻璃管尾端一般黏结一只金属保护帽,内玻璃管的外表面涂有选择性吸收涂层。弹簧支架上装有消气剂,它在蒸散以后用于吸收真空集热管运行时产生的气体,起保持管内真空度的作用[63,64]。

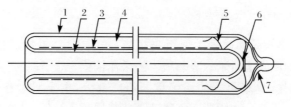

图 6.8　全玻璃真空管结构示意图

1.外玻璃管;2.内玻璃管;3.选择性吸收涂层;
4.真空层;5.弹簧支架;6.消气剂;7.保护帽

2）带热管的全玻璃真空管

带热管的全玻璃真空管是将带有金属导热片的热管插入真空集热管中，使金属导热片紧紧靠在内玻璃管的表面，如图 6.9 所示。内玻璃管吸收的热量通过导热方式传递给金属导热片后，再以导热方式传递给热管，最后由热管传递给集热循环系统[65,66]。

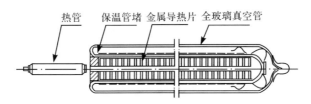

图 6.9　带热管的全玻璃真空管结构示意图

3）带 U 形管的全玻璃真空管

带 U 形管全玻璃真空管是设有 U 形金属导热翅片管插入集热管内的真空管，金属板的内表面紧贴内玻璃管，内玻璃管吸收的热量通过金属导热片传递给 U 形管中的循环空气，如图 6.10 所示。

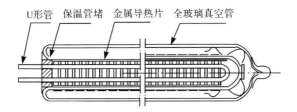

图 6.10　带 U 形管的全玻璃真空管结构示意图

4）内聚光型真空管集热器

内聚光型真空管集热器主要由复合抛物聚光镜、吸热体、玻璃管等组成，如图 6.11所示。通常采用表面涂抹了中温选择性吸收涂层的热管或同心套管和 U 形管作为吸热体。其几何光路特性为平行的太阳光，无论从任何方向穿过玻璃管，都会被复合抛物面聚光镜反射到位于焦线处的吸热体上，然后把吸热体内工质迅速加热。

3. 复合抛物面型空气集热器

复合抛物面型空气集热器是一种依据边缘光线法则设计的低聚光度非成像聚光器，其主要特点为集热器接收角大，具有结构简单、聚光表面精度要求低的优点，运行时不需要设置实时跟踪（见图 6.12）。与其他类聚光型集热器相比，复合抛物面集热器在一年的使用过程中，只需根据太阳高度角及方位角的变化小幅度调整几次倾斜角度[67~70]。

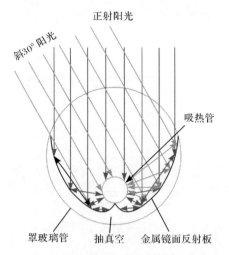

图 6.11　内聚光型真空管集热器结构示意图

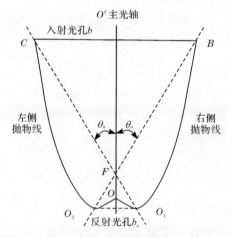

图 6.12　复合抛物面型集热器光学原理示意图

### 6.2.4　新型双集热管多曲面槽式太阳能空气集热器

#### 1. 结构特点与集热原理

图 6.13 为作者研究团队在已有的单集热管多曲面槽式空气集热器基础之上提出的新型双集热管多曲面槽式空气集热器结构示意图。此集热器属于聚光型太阳能空气集热器,其特点是将传统的单曲面聚焦分解成多曲面聚焦,该双管集热器的多曲面反射板是由三条抛物线和两条直线复合而成,因而具有较大的接收角,集热器内空气加热管可以同时受到上下两面的聚焦加热而提高集热效率。集

热器单元主要由组合曲面聚光器、槽底抛物面聚光器、集热管、二次反射平面镜、玻璃盖板等组成,图 6.14 为集热器实景图。

　　集热器集热原理为:当太阳光入射到集热器开口面时,一部分光线入射到多曲面反射板上被反射到二次反射平面镜,再经过二次反射平面镜反射后汇聚在集热管上;另一部分光线入射到槽底抛物面聚光器后被直接汇聚在集热管上。集热管被汇聚的光线加热后,与进入集热器的空气进行对流换热,对空气进行加热。空气在集热管内流动,被加热后从集热管另一侧出口流出,用于供热。这种双管集热器利用增加的玻璃管接收器增大了对太阳光线的接收效果,同时在管内空气流速相同的条件下,增大了空气流量,合理地降低了出风温度。

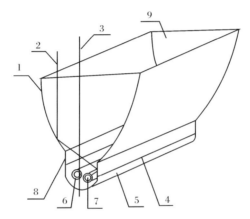

图 6.13　集热器结构示意图

1.组合曲面聚光器;2.太阳光线;3.对称轴;4.连接法兰;

5.槽底抛物面聚光器;6.集热管;7.空气入口;

8.二次反射平面镜;9.玻璃盖板

图 6.14　集热器

图 6.15 为多曲面槽式太阳能空气集热器的剖面几何聚光原理图,建立如图 6.15 所示的坐标系,$AD$ 和 $BC$ 分别为两个大小相同、开口向上的抛物线的一段,$F_1$ 和 $F_2$ 分别为这两个抛物线的焦点,两抛物线方程分别为

$$y = \frac{1}{2p}(x+l)^2, \quad 开口向上\ p > 0$$

$$y = \frac{1}{2p}(x-l)^2, \quad 开口向上\ p > 0 \tag{6.1}$$

式中,$p$ 为焦准距;$l$ 为焦点 $F_1$ 与 $y$ 轴的水平距离。

两条抛物线被直线 $AB$ 水平截断,且令 $|AB| = \dfrac{|F_1F_2|}{2} = l$,即可得到集热器的集热管聚光宽度。取线段 $AE$、$BG$ 的合理长度,使其分别与 $x$ 轴垂直,得到二次反射平面镜宽度。槽底抛物面聚光器弧度为 $EOG$ 抛物线段,以将未经抛物面反射而直接投射到 $AB$ 开后上的太阳光反射至接收器上。因此,多曲面槽式太阳能空气集热器的反射面即由抛物线段 $AD$、$BC$、$EOG$ 和直线段 $AE$、$BG$ 构成。将双集热管置于聚光宽度内,使两管位置在不相互遮挡的情况下最大限度地接收太阳能。

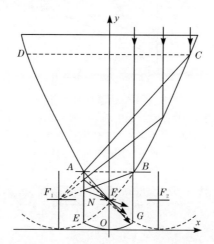

图 6.15 集热器几何聚光原理图

### 2. 主要性能评价指标

结合双管集热器热工性能影响因素(空气流速、进口温度、太阳辐射强度、集热器长度等),参照《太阳能集热器热性能试验方法》(GB/T 4271—2007),可将空气出口温度、瞬时集热量、瞬时集热效率和基于进口温度的归一化温差-效率等作为双管集热器热工性能的评价指标。

1) 光线汇聚率

光线汇聚率是指集热器在某一时刻汇聚的太阳光线占照射到集热面上太阳总光线的比例[见式(6.2)]。该参数可以用来评价集热器对太阳光线的聚焦效果,根据该评价指标,并利用 TracePro 光学模拟软件,即可对两支玻璃管接收器在槽体内相对位置的光学特性进行评价。

$$\eta_i = \frac{N_1}{N_2} \tag{6.2}$$

式中,$\eta_i$ 为光线汇聚率;$N_1$ 为集热器汇聚的太阳光线数;$N_2$ 为集热面上照射的太阳光线总数。

2) 空气出口温度

集热器空气出口温度反映了集热器的送风状况,也反映了可为能源利用末端提供的供暖(热)品质。

3) 瞬时集热量

瞬时集热量是指集热器在某一时刻收集到的热量,是衡量集热器的重要指标,可根据式(6.3)计算:

$$Q_\tau = Gc_p(T_o - T_i) \tag{6.3}$$

式中,$Q_\tau$ 为集热器瞬时集热量,W;$G$ 为集热器内的空气质量流量[可根据式(6.4)计算],kg/s;$c_p$ 为空气比定压热容,J/(kg·K);$T_o$ 为集热器空气出口温度,℃;$T_i$ 为集热器空气进口温度,℃。

$$G = \frac{\pi}{4}\rho v d^2 \tag{6.4}$$

式中,$\rho$ 为空气密度,kg/m³;$v$ 为空气集热管内空气流速,m/s;$d$ 为空气集热管管径,m。

4) 瞬时集热效率

瞬时集热效率是指某一时刻集热器所能够提供的有用能量与当时投射到集热器采光面上太阳辐射总量的比值,它反映了集热器在一天之中某一时刻的瞬时运行特性,是评价集热器性能的重要指标之一,可根据式(6.5)计算:

$$\eta = \frac{Q_c}{Q_E} = \frac{Gc_p(t_o - t_i)}{EA_g} \tag{6.5}$$

式中,$\eta$ 为集热器瞬时集热效率;$Q_E$ 为投射到集热器采光面上的瞬时太阳辐射总量,W;$E$ 为某一时刻倾斜面的太阳辐射强度,W/m²;$A_g$ 为集热器采光面积($A_g = BL$,$B$ 为集热器开口面宽度,m;$L$ 为集热器长度,m),m²。

5) 基于进口温度的归一化温差-效率曲线

根据《太阳能空气集热器热性能试验方法》(GB/T 26977—2011),集热器瞬时效率应由归一化温差的函数图形表示出来。结合 *Method of Testing to Deter-*

*mine the Thermal Performance of Solar Collectors*（ASHREA 93—2003），集热器集热效率与归一化温差存在线性关系［见式（6.6）］。根据归一化温差-效率曲线可评价集热器在各种工况下的集热效率[71]。

$$\eta = \eta_0 - aT^* = \eta_0 - a\frac{T_i - T_w}{E} \tag{6.6}$$

式中，$\eta_0$ 为太阳能空气集热器的瞬时效率最大值；$a$ 为太阳能空气集热器热损失系数，$W/(m^2 \cdot ℃)$；$T^*$ 为基于集热器空气进口温度的归一化温差 $\left(T^* = \dfrac{T_i - T_w}{E}\right)$，$m^2 \cdot ℃/W$；$T_w$ 为室外空气温度，℃；$T_i$ 为集热器进口温度，℃。

3. 集热器热性能试验

双管集热器（空气集热器）热性能试验系统主要由双管集热器、小型管道风机、风管、静压箱、数据采集系统等构成（见图 6.16）。其中，双管集热器槽体高度为 0.6m，上开口宽度为 0.55m，上盖板为 3mm 厚的超白玻璃板；槽体内壁面采用反射率为 0.9、板厚为 0.7mm 的抛光氧化镜铝板，铝板表面为镀黑铬选择性吸收层[29]；槽体内置两支玻璃管接收器的管径均为 100mm；集热器单元组件长度为 2m（试验时采用两个单元组件串联，长 4m）；其中内置铝板卷制而成的吸热管；风机置于空气集热器上游的空气进口侧。试验过程中，集热器集热面（上开口面）与水平面的倾斜角为 64°。

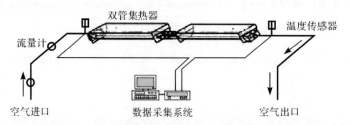

图 6.16　双管集热器热性能试验系统构造示意图

试验重点关注集热器内空气温度、空气流速、太阳辐射强度变化情况。其中，采用铜-铜镍 T 型热电偶（测量范围：−40～350℃；精度：±0.1℃）分别测量室外、集热器进口与出口、集热管内沿长度方向的空气温度；空气流量采用 Testo-435 型热线风速仪（测量范围：0～20m/s；精度：±0.01m/s）；太阳辐射强度采用锦州阳光能源有限公司的 TBQ-2 型总辐射仪（测量范围：0～2000W/m²；精度：±1W/m²），通过仪器自带的监测系统进行数据采集，试验数据采集时间为 1min/次。

作者所在研究团队拟通该试验方法，重点考察两支玻璃管接收器相对位置、空气集热管内空气流速、空气进口温度、集热器长度等因素对集热器空气出口温度、集热量、集热效率等热工性能参数的影响规律。

1) 玻璃管接收器相对位置的影响

为了分析两支玻璃管接收器相对位置不同对集热器太阳光线汇聚效果的影响规律,作者结合 TracePro 光学模拟软件进行比较分析。

两支玻璃管接收器相对位置根据偏离焦线的特征分为非轴对称型与轴对称型两大类,并选取非轴对称型的位置 1 和位置 2、轴对称型的位置 3 进行模拟计算分析,取集热器剖面建立坐标系,以集热器反射板对称中心为原点,以集热器上开口方向和左方为正方向,对应 3 种不同位置时两支玻璃管接收器的中心坐标分别为:位置 1,(19,87)、(−75,180);位置 2,(65,88)、(−50,158);位置 3,(65,105)、(−65,105)。利用 TracePro 光学模拟软件,得到两支玻璃管接收器相对位置分别为位置 1、位置 2 和位置 3 在晴好天气 12:00 时的集热器槽体太阳光线汇聚及其汇聚率随时间的变化模拟结果(见图 6.17)。对应 3 种不同位置的光线汇聚率分别为 100%、98%、95%。

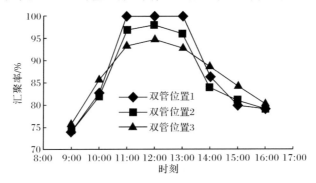

图 6.17　双管集热器太阳光线汇聚模拟计算结果

另外,因为光线穿过玻璃盖板、玻璃管接收器时都会有反射损失和吸收损失(对辐射能来说),对于较薄的盖板和管壁,吸收损失可以忽略。每经过一块玻璃板的发射损失约为 4%,抛物面反射镜(反射铝板)的发射率可以达到 95%。综上可得到集热器最高能量效率为 $(1-4\%)^2 \times 95\% = 87.552\%$。

图 6.17 计算结果表明,3 种不同位置的太阳光线汇聚率峰值虽都出现在 11:00~13:00,但位置 1 的总光线汇聚率明显大于其他两个位置,而汇聚率的大小直接影响集热器的能量效率。

2) 空气流速的影响

从图 6.18 可以看出,当玻璃管接收器内空气流速增大到 1.8m/s 时,集热器集热量达到最大,且这种规律不受太阳辐射强度变化的影响;继续增大空气流速对集热器集热量的增加贡献极少,即集热器的最佳管内空气流速可取为 1.8~2.0m/s。空气流速变化对集热器集热效率的影响也呈现同样规律,如图 6.19 所示,即空气流速为 1.8~2.0m/s 时的集热器集热效率综合最优,继续增大空气流速对集热器集热效率的增加影响极少。

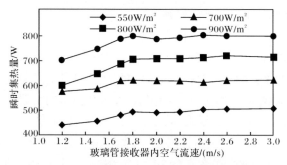

图 6.18　空气流速变化对集热器集热量的影响

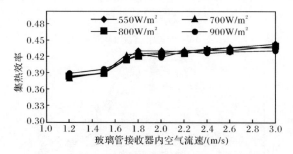

图 6.19　空气流速变化对集热器集热效率的影响

3）集热器空气进口温度变化的影响

从图 6.20 和图 6.21 可以看出,随着空气进口温度的增加,空气出口温度呈上升趋势,但空气进出口温差随之减少,集热器的集热量和集热效率也呈下降趋势。

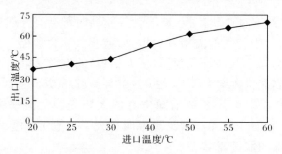

图 6.20　空气进口温度变化对集热器空气出口温度的影响

4）集热器长度变化的影响

从图 6.22 可以看出,随着空气集热管长度的增加,空气出口温度呈上升趋势,但这种上升趋势随集热器长度的继续延长趋于缓慢,且几乎不受太阳辐射强度变化的影响,集热器的瞬时集热效率则随空气集热管长度的增加呈不断降低的趋势,这种下降趋势同样不受太阳辐射强度变化的影响。

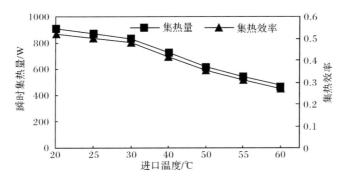

图 6.21　空气进口温度变化对集热器集热量、集热效率的影响

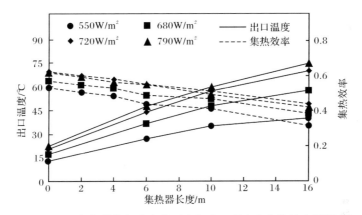

图 6.22　空气集热管长度变化对空气出口温度和集热效率的影响

5) 归一化温差-集热效率曲线

利用准稳态条件下进行集热器性能测试的方法,根据式(6.6)并结合最小二乘法,将测试结果拟合得到集热器归一化温差-集热效率曲线,如图 6.23 所示。该曲线横坐标表示归一化温差,纵坐标表示集热器集热效率,曲线的纵轴截距表示集热器在归一化温差为 0 时的集热效率,此时集热器进口温度与环境温度相同;曲线的横轴截距表示集热器在集热效率为 0 时的归一化温差,即集热器停止工作的状态点。

图 6.23 为流量 180m³/h、太阳辐射强度 700W/m² 工况下,基于不同进口温度得到的归一化温差-集热效率曲线。可以看出,集热器集热效率随着归一化温差的增大而降低,此时集热器热损失系数为 2.62W·m²/K,当归一化温差为 0 时集热效率为 57.6%,可以由此曲线对不同进口温度工况下的集热器集热效率进行判断。当集热器运行条件为进口温度 20~25℃,环境温度-10~6℃,太阳辐射强度 700W/m²时,归一化温差为 0.02~0.04,可以判断集热器运行效率为 44%~52%。

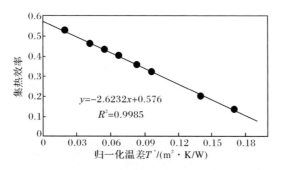

图 6.23　基于不同进口温度的归一化温差-集热效率曲线图

# 6.3　其他蓄热技术

### 6.3.1　地中热交换蓄热

地中热交换是在日光温室内的地面上东西向等间隔开三条 80cm 深的沟,沟内敷设 20cm 直径的瓦管,并在温室中部和两侧安竖管与地下管连接,中部竖管上安装鼓风机。白天通过鼓风机将太阳热能送地下管道并蓄积在地下管道周围的土壤中。待夜间室内气温下降时从两侧竖管中释放出来,补充室内空气热量,避免气温快速下降。地中热交换方式可以提高夜间气温 2℃ 以上。但要注意在外界夜间最低气温低于 12℃ 和高于 -5℃ 的季节,日光温室内上午气温高于 30℃ 时开始运行,如果在外界夜间最低气温低于 -5℃ 的季节开始运行,会因为此时日光温室内地下温度低而导致气温骤降。

### 6.3.2　水蓄热

将水灌入塑料袋中,然后放在作物垄上,白天太阳照射到水袋上蓄热,夜间低温时释放热量增温,这种水袋称为水枕。使水和室内空气同时通过热交换机,白天将高温空气中的热能传给水,并进入保温性能好的蓄热水槽蓄积起来,夜间使温水中的热能传给空气,用以补充空气热能。在日光温室后墙上安装塑料薄膜制成的水管或双层 PC 板,充水后白天蓄热,夜间放热。

### 6.3.3　砾石蓄热

采用砾石等热容大的固体材料进行蓄热,虽然没有水的蓄热量大,传热系数也不及水的对流传热系数大,但固体材料蓄热不需要复杂设备,比较便利,特别是日光温室,如果在后墙内侧采用热容较大的材料,而在外侧采用热导率较小的材料,则达到既可蓄热,又可保温的目的。

## 6.3.4　地源热泵加热

Benli[72]构建了一个用于太阳能温室供热的地源热泵-相变储能供热系统,试验结果表明,整个冬季热泵与供热系统的制热系数分别可以达到 2.3～3.8 和 2～3.5。Onder[73]和 Benli[74]试验研究了温室地源热泵系统和太阳能热泵系统联合供暖装置,结果表明,热泵的制热系数为 2.0～3.13,整个系统的制热系数为 1.7～2.6。Chiasson 等[75]在波士顿、德克萨斯州和西雅图三个地方进行了浅层地能在温室中利用的可行性研究,当浅层地能井下安装费用较低(18 \$ /m 以下)或是天然气价格较高(0.21～0.35 \$ /m³)时,浅层地能对温室进行加温或降温具有经济可行性。方慧等[76]对浅层地能在温室中的利用方式进行了深入研究,构建了 600m² 的浅层地能环境调控试验温室,提出了“地面-冠层”散热方式,降低了温室的能耗。王吉庆等[77]用水源热泵对温室进行加温,试验结果表明,与燃煤锅炉加温的荷兰玻璃温室相比,试验温室采用水源热泵加温可节能 46.5%。

# 参 考 文 献

[1] 钟阳各,施生锦,黄彬香.农业小气候学[M].北京:气象出版社,2009.

[2] 李天来.日光温室蔬菜栽培理论与实践[M].北京:中国农业出版社,2013.

[3] 李天来.我国日光温室产业发展现状与前景[J].沈阳农业大学学报,2005,36(2):31-138.

[4] 白义奎,刘文合,王铁良,等.日光温室朝向对进光量的影响分析[J].农业机械学报,2005,
(2):73-75,84.

[5] 杨晓光,陈阜,宫飞,等.喷灌条件下冬小麦生理特征及生态环境特点的试验研究[J].农业
工程学报,2000,16(3):35-37.

[6] 曹伟,李永奎,白义奎.温室方位角对日光温室温度环境的影响[J].农机化研究,2009,
5(5):183-189.

[7] 刘霞,马月虹,马彩霞,等.用 SketchUp 软件优化新疆日光温室间距的对比分析[J].黑龙江
农业科学,2016,(5):138-142.

[8] 陈端生,郑海山,张建国,等.日光温室气象环境综合研究(三)——几种弧型采光屋面温室
内直射光量的比较研究[J].农业工程学报,1992,8(4):78-82.

[9] 邢禹贤,王秀峰,柳涛,等.单坡面塑料日光温室优化结构模拟设计——日光温室采光优化
初探[J].山东农业大学学报,1997,(2):3-7.

[10] 王永宏,张得俭,刘满元等.日光节能温室结构参数的选择与设计[J].机械研究与应用,
2003,(S1):101-103.

[11] 姚继唐.山西大同地区 DTS-RWS-860 型高效节能日光温室建造技术规范[J].农业工程技
术,2014,(10):34-37.

[12] 陈秋全,杨光勇,刘及东.北方高寒地区高效节能型日光温室优化设计[J].内蒙古民族大
学学报(自然科学版),2003,(3):257-259.

[13] 佟国红,李保明.日光温室内各表面太阳辐射照度的模拟计算[J].中国农业大学学报,
2006,(1):61-65.

[14] 白义奎,王铁良,李天来,等.缀铝箔聚苯板空心墙体保温性能理论研究[J].农业工程学
报,2003,19(3):190-195.

[15] 陈端生.节能型日光温室建筑与环境研究进展[J].农业工程学报,1994,(3):123-129.

[16] 佟国红,王铁良,白义奎,等.日光温室墙体传热特性的研究[J].农业工程学报,2003,
19(3):186-189.

[17] 周长吉."西北型"日光温室的结构研究[J].新疆农机化,2005,(6):37-38.

[18] 梁建龙,王旭峰.阿拉尔垦区日光温室墙体的保温设计[J].塔里木农垦大学学报,2002,14
(1):29-30.

[19] 张立芸,徐刚毅,马承伟,等.日光温室新型墙体结构性能分析[J].沈阳农业大学学报,
2006,37(3):459-462.

[20] 柴立龙,马承伟,籍秀红,等.北京地区日光温室节能材料使用现状及性能分析[J].农机化
研究,2007,(8):17-21.

[21] 彦启森,赵庆珠. 建筑热过程[M]. 北京:中国建筑工业出版社,1986.

[22] 朱颖心. 建筑环境学[M]. 第三版. 北京:中国建筑工业出版社,2010.

[23] 中国气象局气象信息中心气象资料室,清华大学建筑技术科学系. 中国建筑热环境分析专用气象数据集[M]. 北京:中国建筑工业出版社,2005.

[24] 陈明锋. 抛物槽聚光式太阳能集热器热性能实验研究[D]. 天津:河北工业大学,2013.

[25] 刘森元,黄远锋. 天空有效温度的探讨[J]. 太阳能学报,1983,(1):65-70.

[26] 中华人民共和国农业部办公厅. 全国设施蔬菜重点区域发展规划(2015—2020年)[J]. 中华人民共和国农业部公报,2015,(3):33-46.

[27] 张振贤. 蔬菜栽培学[M]. 北京:中国农业大学出版社,2003.

[28] 中华人民共和国建设部. 民用建筑热工设计规范 GB/T 50176—1993[S]. 北京:中国计划出版社,1993.

[29] 周长吉. 现代温室工程[M]. 北京:化学工业出版社,2003.

[30] 徐占发. 建筑节能技术实用手册[M]. 北京:机械工业出版社,2004.

[31] 李远哲,狄洪发,方贤德. 被动式太阳房的原理及设计[M]. 北京:能源出版社,1989.

[32] 程瑞,余克强,王双喜. 日光温室方位角对植物生长影响的实验研究[J]. 农机化研究,2014,(11):185-187.

[33] 林川渝. 日光温室方位角试验研究[J]. 华北农学报,1997,13(1):129-132.

[34] 李军,邹志荣,杨旭,等. 西北型节能日光温室采光设计中方位角和前屋面角的分析、探讨与应用[J]. 西北农业学报,2003,12(2):105-108.

[35] 刘加平. 建筑热物理[M]. 北京:中国建筑工业出版社,2009.

[36] 孙智辉,曹雪梅,刘志超,等. 日光温室揭帘时间农业天气预报指数的确定[C]//中国气象学会年会,沈阳,2012.

[37] 管勇,陈超,李琢,等. 相变蓄热墙体对日光温室热环境的改善[J]. 农业工程学报,2012,28(10):194-201.

[38] 北京众博熙泰农业科技有限公司. 节能日光温室屋面参数设计[J]. 农业工程技术(温室园艺),2015,(11):92-93.

[39] 魏晓明,周长吉,曹楠,等. 中国日光温室结构及性能的演变[J]. 江苏农业学报,2012,(4):855-860.

[40] 李娜. 日光温室建筑结构热工设计方法研究[D]. 北京:北京工业大学,2016.

[41] 管勇. 日光温室太阳能被动式相变蓄热墙体热工设计原理与方法[D]. 北京:北京工业大学,2015.

[42] 王宏丽. 相变蓄热材料研发及在日光温室中的应用[D]. 西安:西北农林科技大学,2013.

[43] 张寅平,胡汉平,孔祥冬,等. 相变贮能——理论和应用[M]. 合肥:中国科学技术大学出版社,1996.

[44] 周玮. 相变蓄能墙体材料在日光温室节能应用中的可行性研究[D]. 北京:北京工业大学,2010.

[45] 李香玲,陈超,蹇瑞欢. 填充板状定形相变材料蓄热槽蓄/放热特性实验研究[J]. 暖通空调,2005,35(10):97,122-126.

[46] 陈超,蹇瑞欢,焦庆影,等. 新型定形板状相变材料的蓄/放热特性[J]. 太阳能学报,2005,
     26(6):857-862.

[47] 陈超,王秀丽,尚建磊,等. 中温相变蓄热装置的蓄放热性能研究[J]. 北京工业大学学报,
     2006,32(11):996-1001.

[48] 陈超,王秀丽,刘铭,等. 中温相变蓄热装置的蓄、放热性能的数值分析与实验研究[J]. 太
     阳能学报,2007,28(10):1078-1083.

[49] 马承伟,陆海,李睿,等. 日光温室墙体传热的一维差分模型与数值模拟[J]. 农业工程学
     报,2010,(6): 231-237.

[50] 张立明. 温室墙体复合相变材料的制备与蓄热机理研究[D]. 西安:西北农林科技大
     学,2008.

[51] Bargach M N,Dahman A S,Boukallouch M. A heating system using flat plate collectors to
     improve the inside greenhouse microclimate in Morocco[J]. Renewable Energy, 1999,
     18(3):367,381.

[52] Bascetincelik A,Paksoy H O. Greenhouse heating with solar energy and phase change ener-
     gy storage[J]. Acta Horticulturae,1997,443(443):63-70.

[53] 佟国红,王铁良,白义奎,等. 日光温室复合墙与土墙热性能对比分析[J]. 沈阳农业大学学
     报,2011,(6): 718-722.

[54] 李小芳,陈青云. 墙体材料及其组合对日光温室墙体保温性能的影响[J]. 中国生态农业学
     报,2006,14(4): 185-189.

[55] 杨春玲,孙克威,姜戈,等. EVA薄膜在日光温室蔬菜生产中应用效果的研究[J]. 北方园
     艺,2005,(4):22-23.

[56] 张丽,王建民,孙少明. 膜下滴灌技术在新疆的开发与应用[J]. 农机化研究,2003,(4):
     145-146.

[57] 张明贤,王金春,李霞,等. 蔬菜不同颜色地膜覆盖效应的研究[J]. 河北农业大学学报,
     1983,(1):21-35.

[58] 张鑫,蔡焕杰,邵光成,等. 膜下滴灌的生态环境效应研究[J]. 灌溉排水学报,2002,21(2):
     1-4.

[59] Benli H. Energetic performance analysis of a ground-source heat pump system with latent
     heat storage for a greenhouse heating[J]. Energy Conversion & Management,2011,52(1):
     581-589.

[60] 罗运俊,陶桢. 太阳热水器及系统[M]. 北京:化学工业出版社,2007.

[61] 奚阳. 平板式热管太阳能集热器冬季运行性能研究[J]. 江西科学,1999,(3):180-183.

[62] 李戬洪,江晴. 一种高效平板太阳能集热器试验研究[J]. 太阳能学报,2001,(2):131-135.

[63] 殷志强. 全玻璃真空管太阳集热器十八年[J]. 太阳能,1997,(1):6-8.

[64] 殷志强,唐轩. 全玻璃真空太阳集热管光-热性能[J]. 太阳能学报,2001,(1):1-5.

[65] 何梓年,蒋富林,葛洪川,李炜. 热管式真空管集热器的热性能研究[J]. 太阳能学报,1994,
     (1):73-82.

[66] 陈希章,雷玉成,杨继昌. 热管太阳能集热器系统的研究[J]. 能源工程,2001,(5):1-4.

[67] 刘芳,邢永杰. CPC 在太阳能集热器中的应用[J]. 太阳能,2001,(2):18-19.

[68] 李业发,郑迎松,邱国佺. 配有多根真空管的 CPC 各构件吸收光能的理论分析[J]. 太阳能学报,1999,(1):70-74.

[69] 孟华,葛新石. CPC 接收面上光强分布及其影响因素的理论和试验研究[J]. 太阳能学报,1996,(2):40-45.

[70] 葛新石,叶宏. 复合抛物聚光器(CPC)特性[J]. 太阳能,2001,(4):20-21.

[71] 孙峙峰,曲世琳. 太阳能空气集热器热性能测试方法研究[J]. 太阳能学报,2011,32(11):1657-1661.

[72] Benli H. Energetic performance analysis of a ground-source heat pump system with latent heat storage for a greenhouse heating[J]. Energy Conversion & Management,2011,52(1):581-589.

[73] Onder O. Use of solar assisted geothermal heat pump and small wind turbine systems for heating agricultural and residential buildings[J]. Energy,2010,35(1):262-268.

[74] Benli D. Evaluation of ground-source heat pump combined latent heat storage system performance in greenhouse heating[J]. Energy and Buildings,2009,41(2):220-228.

[75] Chiasson A D, Culver G G, Favata D, et al. Design, installation, and monitoring of a new downhole heat exchanger[J]. GRC 2005 Annual Meeting,2005,(29):51-55.

[76] 方慧,杨其长,梁浩,等. 日光温室浅层土壤水媒蓄放热增温效果[C]// 2011 中国·寿光国际设施园艺高层学术论坛,寿光,2011.

[77] 王吉庆,张百良. 水源热泵在温室加温中的应用研究[J]. 中国农学通报,2005,21(6):415-415.

# 附录  日光温室越冬生产期室外设计参数推荐值

| 省/直辖市/自治区 | 市/县/自治州 | 北纬/(°) | 东经/(°) | 日平均室外空气温度/℃ | 日平均太阳辐射总量/(MJ/m²) | 室外空气计算温度/℃ |
|---|---|---|---|---|---|---|
| 北京 | 北京 | 39.8 | 116.4 | −2.2 | 11.2 | −9.9 |
| 河北 | 邢台 | 37.1 | 114.5 | 0 | 7.4 | −7.7 |
| | 石家庄 | 38.0 | 114.5 | −1.2 | 7.2 | −8.6 |
| | 饶阳 | 38.2 | 115.7 | −2.1 | 12.8 | −10.6 |
| | 乐亭 | 39.4 | 118.9 | −3.1 | 10.7 | −12.4 |
| | 怀来 | 40.4 | 115.5 | −6.0 | 12.6 | −14.3 |
| | 承德 | 41.0 | 118.0 | −8.2 | 8.2 | −15.7 |
| | 丰宁 | 41.2 | 116.6 | −9.2 | 11.9 | −17.7 |
| 山西 | 运城 | 35.0 | 111.0 | 0.2 | 6.4 | −7.4 |
| | 侯马 | 35.6 | 111.4 | −1.4 | 7.4 | −9.5 |
| | 介休 | 37.0 | 111.9 | −3.4 | 9.1 | −12.0 |
| | 榆社 | 37.1 | 113.0 | −5.3 | 12.0 | −13.5 |
| | 太原 | 37.8 | 112.6 | −3.3 | 11.9 | −12.7 |
| | 原平 | 38.7 | 112.7 | −5.2 | 10.2 | −14.5 |
| | 大同 | 40.1 | 113.3 | −10.6 | 12.4 | −19.1 |
| 内蒙古 | 吉兰泰 | 39.8 | 105.8 | −9.6 | 16.5 | −18.9 |
| | 东胜 | 39.8 | 110.0 | −7.1 | 12.2 | −19.6 |
| | 巴彦淖尔 | 40.8 | 107.4 | −10.9 | 16.1 | −19.1 |
| | 呼和浩特 | 40.8 | 111.8 | −10.6 | 8.3 | −20.3 |
| | 海流图 | 41.6 | 108.5 | −10.9 | 11.9 | −19.1 |
| | 海力素 | 41.6 | 106.9 | −12.9 | 16.0 | −23.4 |
| | 百灵庙 | 41.7 | 110.4 | −12.5 | 15.0 | −19.7 |
| | 额济纳旗 | 42.0 | 101.1 | −9.7 | 14.2 | −20.4 |
| | 赤峰 | 42.3 | 118.9 | −8.8 | 9.2 | −18.8 |
| | 开鲁 | 43.6 | 121.3 | −12.3 | 10.5 | −21.6 |
| | 林西 | 43.6 | 118.1 | −12.0 | 15.5 | −22.1 |

| 省/直辖市/自治区 | 市/县/自治州 | 北纬/(°) | 东经/(°) | 日平均室外空气温度/℃ | 日平均太阳辐射总量/(MJ/m²) | 室外空气计算温度/℃ |
|---|---|---|---|---|---|---|
| 内蒙古 | 二连浩特 | 43.7 | 112.0 | −16.8 | 15.3 | −27.6 |
| | 通辽 | 43.6 | 122.2 | −12.5 | 9.0 | −21.8 |
| | 锡林浩特 | 44.0 | 116.1 | −17.6 | 12.7 | −27.7 |
| | 巴林左旗 | 44.0 | 119.4 | −12.0 | 11.8 | −18.8 |
| | 阿巴嘎旗 | 44.0 | 115.0 | −18.9 | 15.5 | −27.8 |
| | 扎鲁特旗 | 44.6 | 120.9 | −10.7 | 9.3 | −20.9 |
| | 东乌珠穆沁旗 | 45.5 | 117.0 | −18.5 | 14.6 | −27.8 |
| | 阿尔山 | 47.2 | 119.9 | −22.6 | 8.8 | −35.8 |
| | 海拉尔区 | 49.2 | 119.7 | −22.3 | 10.9 | −34.7 |
| | 满洲里 | 49.6 | 117.4 | −20.9 | 10.9 | −31.9 |
| | 图里河 | 50.5 | 121.7 | −27.5 | 10.4 | −37.7 |
| 辽宁 | 大连 | 38.9 | 121.6 | −2.4 | 7.8 | −3.9 |
| | 丹东 | 40.0 | 124.4 | −5.4 | 7.9 | −15.9 |
| | 兴城 | 40.6 | 120.8 | −5.8 | 10.7 | −15.0 |
| | 营口 | 40.7 | 122.2 | −6.2 | 8.7 | −8.5 |
| | 宽甸 | 40.7 | 124.8 | −13.6 | 7.2 | −21.8 |
| | 锦州 | 41.1 | 121.1 | −6.5 | 9.9 | −15.7 |
| | 本溪 | 41.3 | 123.8 | −9.9 | 6.8 | −21.5 |
| | 朝阳 | 41.6 | 120.5 | −8.0 | 10.9 | −18.7 |
| | 沈阳 | 41.7 | 123.5 | −9.5 | 7.2 | −20.6 |
| | 新民 | 42.0 | 122.8 | −8.9 | 7.7 | −19.8 |
| | 彰武 | 42.4 | 122.5 | −10.2 | 8.1 | −17.4 |
| 吉林 | 临江 | 41.8 | 126.9 | −13.5 | 8.6 | −24.4 |
| | 东岗 | 42.1 | 127.5 | −12.7 | 8.9 | −20.7 |
| | 延吉 | 42.9 | 129.5 | −12.4 | 8.9 | −25.6 |
| | 四平 | 43.2 | 124.4 | −11.0 | 11.5 | −22.9 |
| | 敦化 | 43.4 | 128.2 | −14.2 | 9.4 | −22.4 |
| | 长春 | 43.9 | 125.3 | −13.5 | 9.6 | −24.3 |
| | 郭尔罗斯 | 45.1 | 124.8 | −13.2 | 8.6 | −25.6 |
| | 白城 | 45.6 | 122.8 | −13.9 | 8.7 | −25.6 |

续表

| 省/直辖市/自治区 | 市/县/自治州 | 北纬/(°) | 东经/(°) | 日平均室外空气温度/℃ | 日平均太阳辐射总量/(MJ/m²) | 室外空气计算温度/℃ |
|---|---|---|---|---|---|---|
| 黑龙江 | 绥芬河 | 44.4 | 131.2 | −14.1 | 10.7 | −24.9 |
| | 牡丹江 | 44.6 | 129.6 | −15.1 | 8.3 | −25.8 |
| | 尚志 | 45.2 | 128.0 | −18.0 | 8.5 | −29.3 |
| | 鸡西 | 45.3 | 131.0 | −15.4 | 10.0 | −24.4 |
| | 肇州 | 45.7 | 125.3 | −15.1 | 10.3 | −27.3 |
| | 哈尔滨 | 45.8 | 126.5 | −16.8 | 6.9 | −27.2 |
| | 通河 | 46.0 | 128.7 | −19.0 | 8.1 | −29.5 |
| | 安达 | 46.4 | 125.3 | −16.8 | 8.3 | −28.3 |
| | 佳木斯 | 46.8 | 130.3 | −16.2 | 9.1 | −27.2 |
| | 富锦 | 47.3 | 132.0 | −17.4 | 9.6 | −27.1 |
| | 齐齐哈尔 | 47.4 | 123.9 | −16.6 | 16.3 | −27.2 |
| | 海伦 | 47.5 | 127.0 | −20.4 | 7.9 | −30.6 |
| | 富裕 | 47.8 | 124.5 | −17.2 | 8.7 | −29.6 |
| | 克山 | 48.0 | 125.9 | −20.2 | 12.0 | −30.4 |
| | 嫩江 | 49.2 | 125.2 | −23.8 | 12.5 | −33.7 |
| | 孙吴 | 49.4 | 127.3 | −23.1 | 12.0 | −33.2 |
| | 呼玛 | 51.7 | 126.7 | −24.0 | 14.0 | −36.9 |
| | 漠河 | 53.0 | 122.5 | −28.6 | 7.9 | −41.0 |
| 山东 | 兖州 | 35.6 | 116.8 | −0.1 | 6.2 | −7.6 |
| | 莒县 | 35.6 | 118.8 | −0.1 | 9.8 | −8.8 |
| | 济南 | 36.7 | 117.1 | 0.4 | 7.2 | −7.7 |
| | 潍坊 | 36.8 | 119.2 | −1.9 | 5.5 | −9.3 |
| | 惠民 | 37.5 | 117.5 | −1.1 | 8.2 | −10.2 |
| | 龙口 | 37.6 | 120.5 | −0.2 | 6.4 | −7.9 |
| 河南 | 信阳 | 32.1 | 114.1 | 3.5 | 6.8 | −4.6 |
| | 南阳 | 33.0 | 112.5 | 3.3 | 6.9 | −4.1 |
| | 驻马店 | 33.0 | 114.0 | 2.5 | 9.7 | −5.5 |
| | 卢氏 | 34.1 | 111.0 | −0.2 | 8.1 | −6.5 |
| | 商丘 | 34.4 | 115.7 | 1.3 | 8.4 | −6.3 |
| | 郑州 | 34.7 | 113.6 | 2.2 | 9.5 | −5.7 |
| | 安阳 | 36.1 | 114.4 | 0.4 | 5.8 | −7.0 |

续表

| 省/直辖市/自治区 | 市/县/自治州 | 北纬/(°) | 东经/(°) | 日平均室外空气温度/℃ | 日平均太阳辐射总量/(MJ/m²) | 室外空气计算温度/℃ |
|---|---|---|---|---|---|---|
| 陕西 | 安康 | 32.7 | 109.0 | 4.6 | 4.4 | −0.7 |
| | 汉中 | 33.1 | 107.0 | 2.9 | 2.2 | −1.4 |
| | 西安 | 34.3 | 108.9 | 0.5 | 4.7 | −5.7 |
| | 洛川 | 35.8 | 109.4 | −3.6 | 20.6 | −12.1 |
| | 延安 | 36.6 | 109.5 | −3.9 | 9.1 | −13.3 |
| | 绥德 | 37.5 | 110.3 | −3.6 | 20.6 | −15.1 |
| | 定边 | 37.6 | 107.6 | −6.2 | 1.4 | −18.3 |
| | 榆林 | 38.2 | 109.7 | −7.2 | 11.5 | −19.2 |
| 甘肃 | 武都 | 33.4 | 104.9 | 4.1 | 7.3 | −2.1 |
| | 岷县 | 34.4 | 104.0 | −5.2 | 5.8 | −12.5 |
| | 天水 | 34.6 | 105.7 | −1.2 | 9.9 | −8.4 |
| | 合作 | 35.0 | 102.9 | −8.8 | 5.7 | −16.3 |
| | 平凉 | 33.6 | 106.7 | −3.9 | 12.4 | −11.9 |
| | 榆中 | 35.8 | 104.1 | −6.8 | 5.9 | −14.7 |
| | 兰州 | 36.1 | 103.8 | −4.3 | 6.3 | −11.5 |
| | 乌鞘岭 | 37.2 | 102.8 | −10.3 | 14.5 | −20.5 |
| | 民勤 | 38.6 | 103.1 | −7.6 | 14.5 | −17.1 |
| | 酒泉 | 39.8 | 98.5 | −8.5 | 11.4 | −18.5 |
| | 敦煌 | 40.1 | 94.7 | −7.3 | 11.0 | −16.3 |
| | 玉门 | 40.3 | 97.0 | −8.4 | 14.4 | −19.1 |
| 青海 | 襄谦 | 32.2 | 96.5 | −6.5 | 15.5 | −13.9 |
| | 玉树 | 33.0 | 97.0 | −7.3 | 14.0 | −15.5 |
| | 曲麻莱 | 34.1 | 95.8 | −13.4 | 15.6 | −22.9 |
| | 托托河 | 34.2 | 92.4 | −15.3 | 19.1 | −31.6 |
| | 玛多 | 34.9 | 98.2 | −14.5 | 16.7 | −28.6 |
| | 达日 | 33.8 | 98.1 | −11.8 | 6.4 | −12.6 |
| | 民和 | 36.3 | 102.8 | −5.4 | 5.5 | −13.4 |
| | 格尔木 | 36.4 | 94.9 | −7.6 | 13.6 | −15.6 |
| | 刚察 | 37.2 | 100.1 | −11.7 | 14.3 | −20.2 |
| | 都兰 | 37.3 | 100.1 | −8.3 | 7.6 | −16.8 |
| | 大柴旦 | 37.8 | 95.3 | −12.4 | 18.3 | −21.0 |
| | 冷湖 | 38.7 | 93.3 | −11.5 | 15.6 | −18.9 |

续表

| 省/直辖市/自治区 | 市/县/自治州 | 北纬/(°) | 东经/(°) | 日平均室外空气温度/℃ | 日平均太阳辐射总量/(MJ/m²) | 室外空气计算温度/℃ |
|---|---|---|---|---|---|---|
| 宁夏 | 固原 | 36.0 | 106.2 | −6.9 | 11.0 | −17.1 |
| | 银川 | 38.5 | 95.4 | −5.7 | 12.7 | −17.1 |
| | 盐池 | 38.5 | 106.2 | −6.4 | 14.8 | −17.7 |
| 新疆 | 民丰 | 37.1 | 82.7 | −4.4 | 13.4 | −13.6 |
| | 和田 | 37.1 | 79.9 | −3.9 | 8.6 | −12.6 |
| | 莎车 | 38.4 | 77.2 | −4.4 | 9.8 | −13.1 |
| | 若羌 | 39.0 | 88.2 | −6.5 | 10.1 | −15.0 |
| | 喀什 | 39.5 | 76.0 | −4.8 | 7.9 | −14.3 |
| | 乌恰 | 39.7 | 75.3 | −5.9 | 9.5 | −17.9 |
| | 巴楚 | 39.8 | 78.5 | −5.8 | 5.7 | −12.8 |
| | 阿克苏 | 41.2 | 80.3 | −7.1 | 8.3 | −15.7 |
| | 焉耆 | 42.1 | 86.6 | −8.9 | 9.0 | −19.6 |
| | 哈密 | 42.8 | 93.5 | −9.7 | 10.0 | −19.1 |
| | 吐鲁番 | 42.9 | 89.2 | −5.9 | 7.3 | −16.8 |
| | 乌鲁木齐 | 43.8 | 87.6 | −11.0 | 4.3 | −23.4 |
| | 伊犁 | 44.0 | 81.3 | −5.9 | 7.6 | −20.8 |
| | 乌苏 | 44.4 | 84.7 | −13.5 | 6.9 | −25.3 |
| | 精河 | 44.6 | 82.9 | −13.4 | 6.3 | −25.3 |
| | 克拉玛依 | 45.6 | 84.9 | −11.6 | 7.9 | −26.1 |
| | 塔城 | 46.7 | 83.0 | −8.9 | 9.1 | −24.3 |
| | 和布克赛尔 | 46.8 | 85.7 | −11.1 | 10.8 | −22.8 |
| | 阿勒泰 | 47.7 | 88.1 | −14.1 | 6.7 | −29.3 |